养生蔬果汁

【主 编】都基成

江西科学技术出版社

图书在版编目（CIP）数据

养生蔬果汁 / 都基成主编. -- 南昌：江西科学技术出版社，2014.4（2020.8重印）

ISBN 978-7-5390-5021-8

Ⅰ. ①养… Ⅱ. ①都… Ⅲ. ①蔬菜—饮料—制作②果汁饮料—制作 Ⅳ. ①TS275.5

中国版本图书馆CIP数据核字(2014)第045715号

国际互联网（Internet）地址：

http：//www.jxkjcbs.com

选题序号：KX2014027

图书代码：D14032-103

养生蔬果汁

都基成主编

YANGSHENG SHUGUOZHI

出　　版	江西科学技术出版社	
社　　址	南昌市蓼洲街2号附1号	
	邮编：330009　电话：（0791）86623491　86639342（传真）	
印　　刷	永清县晔盛亚胶印有限公司	
项目统筹	陈小华	
责任印务	夏至寰	
设　　计	松雪图文 SONGXUE TUWEN　王进	
经　　销	各地新华书店	
开　　本	787mm×1092mm　1/16	
字　　数	260千字	
印　　张	16	
版　　次	2014年4月第1版　2020年8月第2次印刷	
书　　号	ISBN 978-7-5390-5021-8	
定　　价	49.00元	

赣版权登字号-03-2014-74

目录 CONTENTS

Part 1　在家自制蔬果汁

Part 2
自制蔬果汁最常选用的37种蔬果

Part 3

日常保健蔬果汁

Part 4

常见病调理蔬果汁

Part 6　爱美女性专属蔬果汁

Part 7

在家自制蔬果汁

　　蔬果中含有丰富的纤维素、维生素、矿物质、果胶等营养成分，对人体有多种保健功效，用其制成美味可口的蔬果汁，不仅能满足口福，而且还具有神奇的保健作用。

　　本章将为大家介绍一些蔬果汁的常识，包括自制蔬果汁必备的工具、如何根据体质选对蔬果汁、榨蔬果汁应注意哪些事项、喝蔬果汁应注意什么问题等。

自制蔬果汁必备的工具

制作营养鲜美的蔬果汁，当然离不开榨汁机、搅拌棒等"秘密武器"，这些"秘密武器"您都会正确使用吗？在榨汁的过程中，还要注意哪些问题呢？下面，就给大家介绍一些常用的榨汁工具。

榨汁机

榨汁机是一种可以将水果、蔬菜快速榨成果蔬汁的机器，家用型榨汁机可用于榨汁、搅拌、切割、研磨、碎肉、碎冰等。

配置：主机、一字刀、十字刀、高杯、低杯、组合豆浆杯、盖子、口杯、彩色环套等。

使用方法

①把材料洗净后，切成小块并将切好的材料放入榨汁机。

②将杯子或其他容器放在果汁出口下方，打开开关，机器运转的同时，用挤压棒挤压给料口。

③纤维多的食物可直接榨取原汁，不要加水。

使用注意

①不要直接用水冲洗主机。

②在没有装置杯子之前，请不要用手触动内置式开关。

③刀片部和杯子组合时要完全拧紧，否则会出现漏水及杯子掉落等情况。

清洁建议

①如果只榨汁机用榨了蔬菜或水果，用温水冲洗并用刷子清洁即可。

②若榨了油腻的东西，可在清洁用水中加一些洗洁剂，再转动机身数次即可。用完榨汁机后应立刻清洗。

选购诀窍

①机器必须操作简单，便于清洗。

②转速一定要慢，至少要在100转/分以下，最好是70～90转/分。

果汁机

香蕉、桃子、木瓜、芒果、香瓜及西红柿等含有细纤维的蔬果，适合用果汁机来制汁，因为此类水果会留下细小的纤维或果渣，和果汁混合后呈浓稠状，使果汁不但美味而且具有很好的口感。此外，含纤维较多的蔬菜及水果，也可以先用果汁机搅碎，再用筛子过滤。

使用方法

①将材料的皮及籽去除，切成小块，加水搅拌。

②材料不宜放太多，要少于容量的1/2。

③搅拌时间一次不可连续2分钟以上。如果搅拌时间较长，需停止2分钟，再进行操作。

④冰块不可单独搅拌，要与其他材料一起搅拌。

⑤材料投放的顺序应为：先放入切成块的固体材料，再加入液体材料搅拌。

清洁建议

①用完后应立即清洗，将里面的杯子取出泡过水后，再用流水冲洗并晾干。

②机内的钢刀，须用水浸泡后冲洗，清洗时最好使用清洁刷。

压汁机

适合用来制作柑橘类的水果汁如：橙子、柠檬、葡萄柚等。

使用方法

水果最好采用横切方式，将切好的果实覆盖在压汁机上，再往下压并且左右转动，即可挤出汁液。

清洁建议

①用完应立即清洗。因为压汁处有很多缝隙，需用海绵或软毛刷清洗残渣。

②清洁时应避免使用菜瓜布，否则会刮伤塑料，容易滋生细菌。

搅拌棒

搅拌棒是让果汁中的汁液和溶质均匀混合的好帮手，不必单独准备，家中常用的长把金属汤匙即可代替。将制作完成的果汁倒入杯中，用搅拌棒搅匀即可。

清洁建议

搅拌棒使用后立刻用清水洗净、晾干。

选购诀窍

搅拌棒经常和饮品接触，表面光滑的更易清洁，材质好的也可反复使用。选购时宜选择用耐热材质制作，并且做工精细的搅拌棒。

磨钵

磨钵适合用于制作包菜菠菜等叶茎类食材的蔬果汁。此外，像葡萄、草莓、蜜柑等柔软，水分又多的水果，也可使用磨钵制做果汁。

使用方法

首先，将材料切细，放入钵内，用研磨棒捣碎、磨碎后，用纱布包起将其榨干。在使用磨钵时，注意将材料、磨钵及研磨棒上的水分拭干。

清洁建议

用完后，立即用清水清洗并擦拭干净。

砧板

塑料砧板较适合切蔬果。切蔬果和肉类的砧板最好分开使用，除了防止食物细菌交叉感染外，还能避免蔬菜、水果沾染上肉类的味道，影响蔬果汁的口感。

清洁建议

①每次用完塑料砧板后要用海绵蘸漂白剂清洗干净并晾干。

②不要用太热的水清洗，以免砧板变形。

③每星期要用消毒水浸泡砧板一次，每次浸泡1分钟，再用温开水冲洗，晾干。

选购诀窍

选购砧板要本着耐用、平整的原则，注意整个砧板是否完整，厚薄是否一致，有没有裂缝。

水果刀

水果刀多用于切水果、蔬菜等食物。家里的水果刀最好是专用的，不要用来切肉类或其他食物，也不要用菜刀或其他刀来切水果和蔬菜，以免细菌交叉感染，危害健康。

清洁建议

①每次用完水果刀后，应用清水清洗干净、晾干，然后插入刀套。

②如果刀面生锈，可在锈处滴几滴鲜柠檬汁，轻轻擦洗干净，用这种方法除锈，既卫生安全，又无任何毒副作用。

③切勿用强碱、强酸类化学溶剂洗涤。

选购诀窍

要选择表面光亮，无划伤、凹、坑、皱折等缺陷的水果刀。

削皮刀

削皮刀一般用于处理水果和蔬菜的去皮工序。削皮刀削皮非常实用，操作简单，比水果刀更方便、更安全。

清洁建议

每次削完皮之后应及时清洗干净并晾干，以免生锈。

选购诀窍

①选择有商标、厂家、地址等信息的正规产品。

②选择用优质不锈钢制作的削皮刀，握柄要光滑，刀面要锋利。

根据体质选对蔬果

经医学实践得知，人们根据自己的体质选择正确的蔬果汁，可以达到改善体质的目的。那么，就让我们先了解自己属于哪种体质，适合吃哪些蔬果，再来选择适合自己的蔬果汁吧！

平和体质

总体特征：阴阳气血调和，以体态适中、面色红润、精力充沛等为主要特征。

常见表现：面色、肤色润泽，头发稠密有光泽，目光有神，鼻色明润，嗅觉通利，唇色红润，不易疲劳，精力充沛，耐受寒热，睡眠良好，胃纳佳，二便正常，舌色淡红，苔薄白，脉和缓有力。

食养原则："谨和五味"，顺应四时维持阴阳平衡，酌量选食具有缓补阴阳作用的食物，以增强体质。

宜吃蔬菜：韭菜、香菜、萝卜、菠菜、黄瓜、丝瓜、冬瓜、大白菜、南瓜、芹菜、春笋、荠菜、油菜、花菜等。

宜吃水果：桃子、李子、杏、梨、樱桃、番石榴、荔枝、木瓜等。

气虚体质

总体特征：元气不足，以疲乏、气短、自汗等气虚表现为主要特征。

常见表现：平素语音低弱，气短懒言，容易疲乏，精神不振，易出汗，舌淡红，舌边有齿痕，脉弱。

食养原则：补气养气、益气健脾。

宜吃蔬菜：红薯、南瓜、包菜、胡萝卜、土豆、山药、莲藕等。

宜吃水果：红枣、苹果、橙子等。

阳虚体质

总体特征：阳气不足，以畏寒怕冷、手足不温等虚寒表现为主要特征。

常见表现：平素畏冷，手足不温，喜热饮食，精神不振，舌淡胖嫩，脉沉迟。

食养原则：益阳驱寒、温补脾肾。

宜吃蔬菜：竹笋、紫菜、韭菜、南瓜、胡萝卜、山药、黄豆芽等。

宜吃水果：柑橘、柚子、香蕉、甜瓜、火龙果、枇杷等。

阴虚体质

总体特征： 阴液亏少，以口燥咽干、手足心热等虚热表现为主要特征。

常见表现： 手足心热，口燥咽干，鼻微干，大便干燥，舌红少津，脉细数。

食养原则： 补阴清热，滋养肝肾。

宜吃蔬菜： 冬瓜、丝瓜、苦瓜、黄瓜、菠菜、莲藕等。

宜吃水果： 石榴、葡萄、柠檬、苹果、梨、柑橘、香蕉、枇杷、杨桃、桑葚等。

湿热体质

总体特征： 湿热内蕴，以面垢油光、口苦、苔黄腻等湿热表现为主要特征。

常见表现： 面垢油光，易生痤疮，口苦口干，身重困倦，大便黏滞不畅或燥结，排尿短黄，男性易阴囊潮湿，女性易带下增多，舌质偏红，苔黄腻，脉滑数。

食养原则： 宜清淡，少甜食，以温食为主。

宜吃蔬菜： 苦瓜、丝瓜、菜瓜、芹菜、荠菜、芥蓝、竹笋、紫菜等。

宜吃水果： 西瓜、梨、柿子、猕猴桃、香蕉、甘蔗等。

痰湿体质

总体特征： 痰湿凝聚，以形体肥胖、腹部肥满、口黏苔腻等痰湿表现为主要特征。

常见表现： 面部皮肤油脂较多，多汗且黏，胸闷痰多，口黏腻或甜，喜食肥甘甜黏，苔腻，脉滑。

食养原则： 化痰除湿。

宜吃蔬菜： 白萝卜、紫菜、洋葱、包菜、芥菜、韭菜、香椿、山药、土豆、香菇等。

宜吃水果： 枇杷、木瓜、杏、荔枝、柠檬、樱桃、杨梅等。

血瘀体质

总体特征： 血行不畅，以肤色晦暗、舌质紫暗等血瘀表现为主要特征。

常见表现： 肤色晦暗，色素沉着，容易出现瘀斑，口唇黯淡，舌暗或有瘀点，舌下络脉紫暗或增粗，脉涩。

食养原则： 活血化瘀。

宜吃蔬菜： 油菜、慈姑、茄子、胡萝卜、韭菜、黑木耳等。

宜吃水果：芒果、木瓜、金橘、橙子、柚子、桃子等。

气郁体质

总体特征：气机郁滞，以神情抑郁、忧虑脆弱等气郁表现为主要特征。

常见表现：神情抑郁，情感脆弱，烦闷不乐，舌淡红，苔薄白，脉弦。

食养原则：疏肝理气、行气解郁。

宜吃蔬菜：洋葱、丝瓜、包菜、香菜、萝卜、油菜、刀豆、黄花菜等。

宜吃水果：佛手、橙子、柑橘、柚子、葡萄等。

特禀体质

总体特征：先天失常，以有生理缺陷、过敏反应等为主要特征。

常见表现：过敏体质者常见哮喘、起风团、咽痒、鼻塞、打喷嚏等症状；患遗传性疾病者有垂直遗传、先天性、家族性特征；患胎传性疾病者具有母体影响胎儿个体生长发育及相关疾病特征。

食养原则：防过敏，饮食宜清淡。

宜吃蔬菜：红薯、芦笋、包菜、花菜、芹菜、茄子、甜菜、胡萝卜、大白菜等。

宜吃水果：木瓜、草莓、橘子、柑子、猕猴桃、芒果、杏、柿子和西瓜等。

蔬果汁原料的挑选、清洗与保存

　　很多人自制蔬果汁时感觉蔬果汁口感不佳，殊不知，榨蔬果汁也是有讲究的。榨蔬果汁前一定要做好各种准备工作，尤其要注意挑选新鲜的蔬果，因为蔬果是否新鲜直接影响到果汁的口感。此外，清洗和保存蔬果等步骤也大有讲究。

正确挑选蔬菜和水果

挑选蔬菜的方法

要看它的颜色

　　各种蔬菜都具有本品种固有的颜色、光泽，标志着蔬菜的鲜嫩程度。新鲜蔬菜并不是颜色越鲜艳越好，如购买豆角时，发现豆荚不饱满，豆粒没有光泽时要慎选。

要看形状是否有异常

　　多数蔬菜都以状态新鲜为佳，蔫萎、干枯、损伤、变色、病变、虫害侵蚀等因素，都会造成蔬菜的外观形态异常。有的蔬菜使用了人工激素类物质，会变得畸形。

要闻一下蔬菜的味道

　　多数蔬菜有清香、甘辛香、甜酸香等气味，不应有腐败味或其他异味。

挑选水果的方法

要看水果的外形、颜色

　　尽管经过催熟的果实会呈现出成熟的性状，但是作假只能针对某一方面，果实外皮或其他方面还是会有不成熟的痕迹。比如自然成熟的西瓜，由于经受的光照充足，所以瓜皮花色深亮、条纹清晰、瓜蒂老结；反之，催熟的西瓜瓜皮颜色鲜嫩、条纹浅淡、瓜蒂发青。人们一般比较喜欢"秀色可餐"的水果，而实际上，其貌不扬的水果更是让人放心。

通过闻水果的气味来辨别

自然成熟的水果，从表皮上能闻到一股果香味；催熟的水果则不仅没有果香味，甚至还有异味。催熟的果子散发不出香味，催得过熟的果子往往闻得出发酵气息，注水的西瓜有一股自来水的漂白粉味。并且，催熟的水果最明显的特征就是分量重。同一品种，大小相同的水果，催熟的、注水的水果与自然成熟的水果相比要重很多，通过这个特点，容易识别两者。

正确清洗蔬菜和水果

清洗蔬菜的几种方法

淡盐水浸泡

一般蔬菜至少需用清水冲洗3~6遍，然后放入淡盐水中浸泡1小时，再用清水冲洗1遍。包心类蔬菜可先切开，再放入清水中浸泡2小时，最后用清水冲洗，以清除残留农药。

碱洗

在水中放上一小撮碱粉，搅匀后放入蔬菜，浸泡5~6分钟，再用清水漂洗干净。也可用小苏打代替，但要适当延长浸泡时间到15分钟左右。

用开水泡烫

在做青椒、花菜、豆角、芹菜等时，下锅前最好先用开水烫一下，可清除90%的残留农药。

用日照消毒

阳光照射会使蔬菜中部分残留农药被分解、破坏。据测定，蔬菜、水果在阳光下照射5分钟，有机氯、有机汞农药的残留量会减少60%。方便贮藏的蔬菜，应在室温下放两天左右，残留化学农药平均消失率为5%。

用淘米水洗

淘米水属酸性，有机磷农药遇酸性物质就会失去毒性。在淘米水中浸泡10分钟左右，再用清水洗干净，能使蔬菜上残留的农药成分减少。

清洗水果的方法

用盐水清洗

将水果浸泡于加盐的清水中约10分钟（清水：盐＝500克：2克），再以大量清水冲洗干净。

用海绵菜瓜布将表皮搓洗干净

若是连皮品尝水果，如杨桃、番石榴，则务必以海绵菜瓜布将表皮搓洗干净。

削皮

清洗水果的残留农药最佳方式是削皮，如橙子、苹果等。

用冷开水冲洗

由于水果需生食，因此最后一次冲洗必须使用冷开水。

正确保存蔬菜和水果

瓜果类蔬菜相对来说比较耐储存，因为它们具有成熟的形态，是果实，有外皮阻隔外界与内部的物质交换，所以保鲜时间较长。

如何保存蔬菜

以下为大家介绍叶菜类、根茎类、瓜果类、豆类蔬菜的保存方法。

①叶菜类：最佳保存环境是0℃～4℃，可存放两天，但最好不要低于0℃。

②根茎类：最佳保存环境是阴凉处，可存放一周左右；但不适合冷藏。

③瓜果类：最佳保存环境是10℃左右，可存放一周左右，但最好不要低于8℃。

④豆类菜：最佳保存环境是10℃左右，可存放5～7天，但最好不要低于8℃。

如何保存水果

有些水果（如酪梨、猕猴桃）在购买时尚未完全成熟，此时必须在室温下放置几天，待果肉成熟软化后再放入冰箱冷藏。如果直接将未成熟的水果放入冰箱，则水果就成了所谓的"哑巴水果"，再也难以软化了。而有些水果（如香蕉），则最好不要放于冰箱冷藏，否则会很快腐坏。其他大部分水果可放冰箱冷藏5～7天。

喝蔬果汁应该注意哪些问题

蔬果汁虽然美味又营养，但是喝蔬果汁前应该注意哪些问题，如何喝蔬果汁更营养，此外，是不是所有人都适合喝蔬果汁，这些都是饮用蔬果汁前应该了解的知识。以下将为大家详细介绍一些关于蔬果汁的注意事项。

制作蔬果汁的原料要注意搭配

自制蔬菜水果汁时，要注意蔬菜水果的搭配，有些蔬菜水果含有一种会破坏维生素C的物质，如胡萝卜、南瓜、小黄瓜、哈密瓜，如果与其他蔬菜水果搭配，会使其他蔬菜水果的维生素C受到破坏。不过，由于此物质容易受酸的破坏，所以在自制新鲜蔬菜水果汁时，可以加入像柠檬这类较酸的水果，来预防维生素C被破坏。

加盐会使果汁更美味

有些水果经过盐水浸泡后，吃起来确实更甜、口感更好，比如哈密瓜、桃子、梨、李子等。俗话说："要想甜，加点盐。"为什么盐能增加水果的甜味？可以这样简单地理解：由于咸与甜在味觉上有明显的差异，当食物以甜味为主时，添加少量的咸味便可增加两种味觉的差距，从而使甜味感增强，即觉得"更甜"。

喝果汁的最佳时间

一般早餐很少吃蔬菜和水果的人，容易缺失维生素等营养元素。在早晨喝一杯新鲜的蔬果汁，可以补充身体需要的水分和营养，醒神又健康。当然，早餐饮用蔬果汁时，最好是先吃一些主食再喝。如果空腹喝酸度较高的果汁，会对胃造成强烈刺激。

中餐和晚餐时都要尽量少喝果汁。因为果汁的酸度会直接影响胃肠道的酸度，大量的果汁会冲淡胃消化液的浓度，果汁中的果酸还会与膳食中的某些营养成分结合影响这些营养成分的消化吸收，使人们在吃饭时感到胃部胀满，饭后消化不好，肚子不适。而在两餐之间喝点果汁，不仅可以补充水分，还可以补充日常饮食上缺乏的维生素和矿物质元素，是十分健康的。

不宜大口饮用蔬果汁

炎日的夏季，当一杯蔬果汁放在面前时，很多人选择大口快饮，其实这种做法是不对的。正确的做法应该是，要细细品味美味的蔬果汁，一口一口慢慢喝，这样蔬果汁才容易完全被人体吸收，起到补益身体的作用。若大口痛饮，那么蔬果汁中的很多糖分就会很快进入血液中，使血糖迅速上升。

哪些人不宜喝蔬果汁

肾病患者不宜喝蔬果汁

因为蔬菜中含有大量的钾离子，而肾病患者因无法排出体内多余的钾，如果喝果蔬汁就有可能造成高血钾症，所以肾病患者不宜喝蔬果汁。

糖尿病患者不宜喝蔬果汁

由于糖尿病患者需要长期控制血糖，所以在喝蔬果汁前必须计算其碳水化合物的含量，并将其纳入日常饮食计划中，否则对身体不利。

溃疡患者不宜喝蔬果汁

蔬果汁属寒凉食物，溃疡患者若在夏天饮用太多蔬果汁，会使消化道的血液循环不良，不利于溃疡的愈合。尤其饮用含糖较多的蔬果汁，会增加胃酸的分泌，使胃溃疡更加严重，且容易发生胀闷现象，引起打嗝。

急慢性胃肠炎患者不宜喝蔬果汁

急慢性胃肠炎患者不宜进食生冷的食物，最好不要饮用蔬果汁。

不宜用蔬果汁送服药物

不宜用蔬果汁送服药物，因为蔬果汁中的果酸容易导致各种药物提前分解和溶化，不利于药物在小肠内吸收，影响药效。

蔬果汁不宜放置太长时间

蔬果汁现榨现喝才能发挥最大效用。新鲜蔬果汁含有丰富的维生素，若放置时间长了，会因光线及温度破坏其中的维生素，使得营养价值降低。打果汁不要超过30秒，果汁宜15分钟内喝完。

Part 2

自制蔬果汁
最常选用的37种蔬果

　　果汁以水果为原料，保留了大部分的营养成分，可补充人体营养成分的不足；将蔬菜加工成蔬菜汁，更容易补充人体所需要的营养。

　　本章就将告诉大家自制蔬果汁最常选用的37种水果与蔬菜的常识。喜爱美食的你，快来动手制作自己喜欢的蔬果汁吧！

苹果

别名：奈、奈子、频婆、平波

成熟季节：7～11月

性味归经：性凉，味甘、微酸。归脾、肺经。

"天然健康圣品"

营养成分|> 苹果含有糖类、果胶、蛋白质、钙、铬、磷、铁、钾、锌和维生素A、B族维生素、维生素C和纤维素，另含苹果酸、酒石酸、胡萝卜素等成分。

营养功效|> ①提神健脑：苹果是一种较好的减压补养水果，所含的多糖、钾、果胶、酒石酸、苹果酸、枸橼酸等，能有效减缓人体疲劳，在消除疲劳的同时，还能增强记忆力。②降低血糖：苹果中的胶质和铬元素能保持血糖的稳定，所以苹果不但是糖尿病患者的健康小吃，而且是一切想要控制血糖的人必不可少的水果。此外，苹果还有降低胆固醇、降低血压、预防癌症、强化骨骼、抗衰老等功效。

选购窍门|> 选购苹果时，以色泽浓艳、外皮苍老、果皮外有一层薄霜的为好。

保存方法|> 要用塑料袋包好，放入冰箱冷藏。

处理要点|> 用来榨汁的苹果最好削皮，以免表皮有残留农药、果蜡等物质。此外，苹果核有毒，请在食用时吐出，勿吞食，即使榨汁也最好去除。

苹果汁

原料|

葡萄100克　苹果100克　柠檬70克　蜂蜜20毫升

做法|

①将苹果洗净，去核，切小块；葡萄洗净；柠檬洗净，去皮、核，切块。

②将原料全部放入榨汁机内，倒入温开水搅打均匀，再倒入杯中即可。

> **另一种美味**
>
> 加入菠萝300克、桃子1个、柠檬1个、冰块适量，可以制作成苹果菠萝柠檬汁，味道会更好，尤其适合女性食用。

梨

"百果之宗"

别名：沙梨、白梨	
成熟季节：9～10月	
性味归经：性凉，味甘酸。归肺、胃经。	

● **营养成分** |> 梨含有蛋白质、脂肪、糖类、镁、硒、钾、钠、钙、磷、铁、胡萝卜素、维生素B_1、维生素B_2、维生素C及膳食纤维等成分。

● **营养功效** |> ①排毒瘦身：梨水分充足，富含多种维生素、矿物质和微量元素，能够帮助器官排毒。②开胃消食：梨能促进食欲，帮助消化，并有利尿通便和解热的作用，可用于高热时补充水分和营养。③消暑解渴：梨鲜嫩多汁、酸甜适口，常食具有消暑解渴的功效。此外，梨还含有生津止渴、止咳化痰、养血生肌、润肺祛燥等功效。

● **选购窍门** |> 应选表皮光滑、无孔洞虫蛀、无碰撞的果实，且要能闻到果香。

● **保存方法** |> 置于室内阴凉处即可，如需冷藏，可装在纸袋中放入冰箱保存。

● **处理要点** |> 为防止农药危害身体，最好将梨洗净削皮食用。

雪梨汁

|原料|

雪梨1个　　牛奶适量

|做法|

①雪梨用水洗净去皮，切成小块。
②然后把雪梨和牛奶放入果汁机内，搅打均匀即可。

另一种美味

加入火龙果50克、青苹果1个一同榨汁，可以制作成双果梨汁，此果汁味道会更美味，尤其适合儿童食用。

香蕉

别名：蕉果	
成熟季节：2~6月	
性味归经：香蕉性寒，味甘。归脾、胃经。	

"快乐水果"

● **营养成分**|> 香蕉含碳水化合物、蛋白质、脂肪、多种微量元素和维生素等。

● **营养功效**|> ①增强免疫力：香蕉的糖分可迅速转化为葡萄糖被人体吸收，是一种快速的能量来源。②排毒通便：香蕉含有天然抗生素，可以抑制细菌繁殖，增加大肠里的乳酸杆菌，促进肠道蠕动，有助于排毒通便。③降低血压：香蕉含钾量丰富，可平衡体内的钠含量，并促进细胞及组织生长，有降低血压的作用。此外，香蕉还有维持视力、抗脚气病等功效。

● **选购窍门**|> 选购香蕉时，最好选择肥大饱满的香蕉，且以果皮外缘棱线较不明显，尾端圆滑者为佳。选购时留意蕉柄不要泛黑，如出现枯干皱缩现象，很可能已开始腐坏，不可购买。

● **保存方法**|> 香蕉为热带水果，不宜冷藏，放进冰箱会加速腐败。香蕉适宜在10℃～25℃温度下储存。

● **处理要点**|> 去皮后将香蕉肉切成小段榨汁食用。

香蕉椰子汁

| 原料 |

香蕉1根

牛奶50克

椰子少许

| 做法 |

①将香蕉去皮，切成段；椰子取肉，切成小块，与牛奶、香蕉一起放入果汁机中，搅打成汁。

②将香蕉椰子汁倒入杯中即可。

> **另一种美味**
>
> 取香蕉2根、哈密瓜150克、牛奶200克一同榨汁，味道鲜爽可口，尤其适合女性、儿童和老年人食用。

西瓜

别名：寒瓜、夏瓜

成熟季节：夏季

性味归经：西瓜性寒，味甘。归胃、膀胱经。

"瓜果之王"

● **营养成分**|>含蔗糖、果糖、葡萄糖，丰富的维生素A、B族维生素、维生素C，大量的有机酸、磷、钙、铁等营养成分，含有少量脂肪和蛋白质。

● **营养功效**|>①消暑解渴：西瓜含有大量葡萄糖、苹果酸、果糖、蛋白氨基酸、番茄素及丰富的维生素C等物质，是一种富有营养、纯净、食用安全的食品，能起到消暑解渴的作用。②增强免疫力：西瓜中含有大量的水分，在急性热病发热、口渴汗多、烦躁时，吃上一块，症状会马上改善。此外，西瓜还有开胃口、助消化、利尿、祛暑疾、降血压、滋补身体的妙用。

● **选购窍门**|>用手拍西瓜时发出"咚咚"的清脆声音，同时可感觉到瓜身的颤抖，就是成熟度刚刚好的西瓜。

● **保存方法**|>未切开时放入冰箱可保存5天左右；切开后用保鲜膜裹住，放入冰箱可保存3天左右。

● **处理要点**|>西瓜擦干外皮，剖开即食。

西瓜汁

|原料|

西瓜300克

|做法|

①将西瓜洗净切开，去皮去籽，取出果肉。
②将西瓜放入果汁机，用果汁机榨出西瓜汁。
③把西瓜汁倒入杯中即可。

> **另一种美味**

加入橙子100克，蜂蜜、红糖与冰块各少许，可以制作成西瓜橙子汁，此果汁酸甜可口，尤其适合女性饮用。

橙子

别名：黄果、香橙、蟹橙、金球

成熟季节：秋冬季节

性味归经：性微凉，味甘酸。归胃、肺经。

"疗疾佳果"

● **营养成分** |> 橙子中含有丰富的果胶、蛋白质、钙、磷、铁及维生素B_1、维生素B_2、维生素C等多种营养成分，尤其是维生素C的含量最高。此外还含有橙皮苷、柚皮芸香苷、那可汀、柚皮苷、柠檬苦素、柠檬酸、苹果酸。

● **营养功效** |> ①润肠通便：橙子所含的纤维素和果胶物质，可促进肠道蠕动，有利于清肠通便，排除体内有害物质。②增强免疫力：橙子中的维生素C含量丰富，能增强人体抵抗力，还可以将脂溶性有害物质排出体外。③降低血脂：橙子中维生素C、胡萝卜素的含量高，能软化和保护血管，降低胆固醇和血脂。此外，橙子还有生津止渴、疏肝理气、通乳、消食开胃等功效。

● **选购窍门** |> 要选择果实饱满、有弹性、着色均匀、能散发出香气的橙子。

● **保存方法** |> 橙子可放在阴凉通风处保存半个月，但不要堆在一起存放。

● **处理要点** |> 榨汁前，先将外皮洗净，对半切开，再剥去外皮，切小块即可。

橙汁

| 原料 |

橙子2个

| 做法 |

①橙子用水洗净，切成两半，剥去外皮。

②用压汁机挤压出橙汁。

③把橙子汁倒入杯中即可。

另一种美味

加入西瓜150克、糖水30克、碎冰50克，可以制作成橙子西瓜汁，味道会更好，尤其适合男性食用。

橘子

别名：	福橘、蜜橘、大红袍、黄橘
成熟季节：	10～11月
性味归经：	性平，味甘、酸。归肺、脾、胃经。

"健康之果"

◉ **营养成分**|> 橘子含有丰富的糖类（葡萄糖、果糖、蔗糖）、维生素、苹果酸、柠檬酸、蛋白质、脂肪、食物纤维以及多种矿物质等。

◉ **营养功效**|> ①降低血脂：橘子中含有丰富的维生素C和维生素B_3等，它们有降低人体中血脂和胆固醇的作用。②开胃消食：橘子含有丰富的糖类、维生素、苹果酸、柠檬酸等成分，有健胃消食的功效。③美容养颜：橘子富含维生素C与柠檬酸，具有美容养颜、消除疲劳的作用。④防癌抗癌：橘子中含有抗癌活性很强的物质"诺米林"，可以分解致癌化学物质，抑制和阻断癌细胞的生长。此外，橘子还具有润肺、止咳、化痰、健脾、顺气、止渴的功效。

◉ **选购窍门**|> 要选择果皮颜色金黄、平整、柔软的橘子。

◉ **保存方法**|> 放入冰箱中可以保存很长时间，但建议不要存放太久。

◉ **处理要点**|> 最好用自来水不断冲洗橘子表皮，因为流动的水可避免农药渗入果实中。或者直接将外皮剥去即可。

橘子汁

|原料|

橘子4个　　苹果1/4个　　陈皮少许

|做法|

①将苹果洗净，去皮去籽，切小块；橘子去皮，切块；陈皮浸泡至软，切碎。
②将所有材料放入榨汁机一起搅打成汁。
③用滤网把汁滤出来即可。

> **另一种美味**
>
> 取芒果150克、橘子1个、鲜奶250克，可制作成芒果橘子奶，此果汁美味可口，尤其适合儿童食用。

桃子

别名：	佛桃、水蜜桃
成熟季节：	6~8月
性味归经：	性温，味甘、酸。归肝、大肠经。

"长寿果"

● **营养成分**|> 桃子含蛋白质、脂肪、胡萝卜素、维生素B$_1$、钙、铁、磷以及柠檬酸、苹果酸、果糖、蔗糖、葡萄糖、木糖和挥发油等成分。

● **营养功效**|> ①补气益血：桃子中含铁量较高，是缺铁性贫血病人的理想辅助食物。②缓解水肿：桃子中含钾多，含钠少，适合水肿病人食用。此外，桃子还能润肠通便、活血化瘀、祛痰镇咳、降低血压。

● **选购窍门**|> 选购桃子时要用手摸，如果表面毛茸茸的、有刺痛感的则是没有被浇过水的；可以稍用力按压桃子，如果硬度适中不出水的则为佳品。如果桃子太软则容易烂，这种桃子最好不要购买。

● **保存方法**|> 桃子不宜储存，放入冰箱中会变味，建议现买现食。

● **处理要点**|> 将少许食用碱放入清水中，然后将桃子放入水中浸泡5分钟，搅动几下，桃上的茸毛便会自动上浮，再用清水清洗即可。或者可将桃子放入水中浸泡，用小刷子将桃上的茸毛刷净。

胡萝卜桃子汁

| 原料 |

桃子1/2个　胡萝卜50克　红薯50克　牛奶200克

| 做法 |

①胡萝卜洗净，去皮；桃子洗净，去皮，去核；红薯洗净，去皮，切块，焯一下水。

②将胡萝卜、桃子以适当大小切块，与其他材料一起榨汁即可。

┌─── 另一种美味 ───┐

取桃子1个、苹果1个、柠檬1/2个，可制作成桃子苹果汁，此果汁酸甜美味，尤其适合孕产妇食用。

柚子

| 别名：文旦、气柑 |
| 成熟季节：9~11月 |
| 性味归经：性寒，味甘、酸。归肺、脾经。 |

"天然水果罐头"

● **营养成分**|> 含有丰富的蛋白质、糖类、有机酸及维生素A、维生素B$_1$、维生素B$_2$、维生素C、维生素P和钙、磷、镁、钠等营养成分。

● **营养功效**|> ①增强免疫力：柚子有增强体质的功效，它能帮助身体更易吸收钙及铁质，所含的天然叶酸有预防孕妇发生贫血和促进胎儿发育的功效。②降低血糖：新鲜的柚子肉中含有作用类似于胰岛素的铬元素，能降低血糖。此外，柚子还有理气化痰、润肺清肠、补血健脾等功效。

● **选购窍门**|> 要选购体形圆润、表皮光滑、质地有些软的柚子。

● **保存方法**|> 柚子皮很厚，能储存较长时间，建议在阴凉通风处保存2周左右。

● **处理要点**|> 剥柚子皮的简单方法：先在柚子顶部切开一个小口，将勺子沿着果肉内壁向里插，然后转动勺子，使果肉与果皮分离，另外一半也采用同样的办法。然后取出勺子，双手按住上下两端，分别向相反的方向旋转，一半柚子皮就剥下来了，只需轻轻一剥，另一半也完整地剥出来了，而且完全不会伤到果肉。

沙田柚草莓汁

| 原料 |

沙田柚100克　　草莓20克　　酸奶200克

| 做法 |

①将沙田柚去皮，切成小块；
②将所有材料放入压汁机内搅打成汁即可。

另一种美味

沙田柚也适合独自饮用，去皮后榨汁，美味可口，尤其适合老年人食用。

葡萄

别名：草龙珠、山葫芦、蒲桃

成熟季节：7~10月

性味归经：葡萄性平，味甘酸。归肺、脾、肾经。

"水果之神"

● **营养成分** |> 葡萄含有葡萄糖，极易被人体吸收，同时还富含矿物质元素和维生素。

● **营养功效** |> ①增强免疫力：葡萄营养丰富，味甜可口，主要含有葡萄糖，极易被人体吸收，同时还富含矿物质元素和维生素。②开胃消食：葡萄中所含的酒石酸能助消化，适量食用能和胃健脾，对身体大有裨益。③抗衰老：葡萄籽中富含营养物质"多酚"，它的抗衰老能力是维生素C的25倍、维生素E的50倍。此外，葡萄还有补气血、益肝肾、生津液、强筋骨、止咳除烦、补益气血、通利小便的功效。

● **选购窍门** |> 要选购果粒饱满结实、不易脱落、颜色深、果皮光滑、皮外有一层薄霜的为好。

● **保存方法** |> 放入冰箱中可保存1周，建议现买现食。

● **处理要点** |> 将葡萄一粒一粒剪下，放入清水中浸泡，加入适量面粉，轻轻搓洗葡萄，倒掉水，再冲洗几遍即可。

🥤 葡萄汁

| 原料 |

葡萄200克

白糖少许

| 做法 |

①将葡萄用清水洗净。

②把葡萄、白糖一起放入果汁机内，榨取汁液。

③把葡萄汁倒入杯中饮用即可。

另一种美味

取适量柠檬汁、少许蜂蜜一同榨汁，可以制作成葡萄柠檬汁，此果汁酸甜可口，尤其适合儿童食用。

草莓

别名：洋莓、红莓、蚕莓等

成熟季节：6~7月

性味归经：性凉，味酸甘。归肺、脾经。

"果中皇后"

● **营养成分** |> 草莓富含果胶、胡萝卜素、维生素B_1、维生素B_2、维生素B_3、柠檬酸、苹果酸、氨基酸、葡萄糖、蔗糖、果糖及钙、磷、镁、钾、铁等成分。

● **营养功效** |> ①消暑解渴：草莓营养丰富，富含多种有效成分，果肉中含有大量的糖类、蛋白质、有机酸、果胶等营养物质，有解热祛暑之功效。②促进消化：草莓中含丰富的维生素C，有促进胃肠蠕动、促进消化的功效。此外，草莓还有润肺生津、健脾和胃、利尿消肿之功效，适用于肺热咳嗽、食欲不振、小便短少等症。

● **选购窍门** |> 应选购果形完整、无畸形、外表鲜红及无碰伤、冻伤的草莓。

● **保存方法** |> 保存前不要清洗，带蒂轻轻包好勿压，放入冰箱中即可。

● **处理要点** |> 买回来的草莓先不要去蒂和叶子，放入水中浸泡15分钟，这样可让大多数的农药随着水溶解。而后将草莓去蒂、去叶子，放入盐水中泡5分钟，再用清水冲洗即可。

草莓优酪汁

| 原料 |

草莓10颗

原味优酪乳250克

| 做法 |

①将草莓洗净，去蒂，切成小块。

②将草莓和优酪乳一起放入果汁机内，搅打2分钟即可。

【 另一种美味 】

取草莓5颗、香瓜1/2个、冷开水300克、果糖3克，可制作成草莓香瓜汁，此果汁香甜可口，尤其适合儿童食用。

樱桃

别名： 莺桃、樱株、车厘子

成熟季节： 5～7月

性味归经： 性热，味甘。归脾、胃经。

"春果第一枝"

● **营养成分** |> 樱桃含铁、蛋白质、维生素A、维生素P以及钾、钙、磷、铁等矿质元素。

● **营养功效** |> ①收涩止痛：樱桃可以治疗烧烫伤，起到收敛止痛，防止伤处起泡化脓的作用。同时樱桃还能治疗轻、重度冻伤。②养颜驻容：樱桃营养丰富，所含蛋白质、糖、磷、胡萝卜素、维生素C等均比苹果、梨高，尤其含铁量高，常用樱桃汁涂擦面部及皱纹处，能使面部皮肤红润嫩白，祛皱消斑。此外，樱桃还有调中益脾、调气活血、平肝祛热之功效。

● **选购窍门** |> 应选择颜色鲜艳、果粒饱满、表面有光泽和弹性的樱桃。

● **保存方法** |> 樱桃放入冰箱中可保存3天，且最好保存在零下1℃的冷藏条件下。

● **处理要点** |> 樱桃经雨淋后，内生小虫，肉眼难以看见，可用盐水浸泡15分钟后再食用。

樱桃石榴汁

原料

樱桃300克

石榴200克

蜂蜜少许

做法

①将樱桃洗净，去蒂，去核；石榴取肉，备用。

②将樱桃、石榴、蜂蜜一起倒入榨汁机中榨汁，滤去果渣，取果汁饮用。

另一种美味

加入草莓、红葡萄各250克一同榨汁，可制作成樱桃草莓汁。

菠萝

别名：凤梨、番梨、露兜子

成熟季节：4～5月

性味归经：性平，味甘。归脾、胃经。

"医食佳果"

● **营养成分**|> 菠萝含有蛋白质、原糖、蔗糖、碳水化合物、有机酸、维生素B_2、胡萝卜素、维生素B_1、膳食纤维、维生素B_3、脂肪等。

● **营养功效**|> ①消暑解渴：菠萝具有解暑止渴、消食止泻之功效，为夏季医食兼优的时令佳果。②美白护肤：丰富的B族维生素能有效地滋养肌肤，防止皮肤干裂，同时也可以消除身体的紧张感和增强机体的免疫力。

● **选购窍门**|> 要选择饱满、着色均匀、闻起来有清香的菠萝。

● **保存方法**|> 放入冰箱中可保存1周，阴凉通风处可保存3～5天。

● **处理要点**|> 先切掉菠萝的底端，使其能竖立在砧板上，再大面积地从顶部到底部垂直方向切掉果皮。切掉的果皮要有一定的厚度，以便尽可能地带走菠萝刺。然后再用尖角水果刀一个一个地挖掉残留在果肉内的菠萝刺。每次挖的深度要足够，如果还留有尖刺，不妨在其周围多挖掉一些果肉。

菠萝汁

|原料|

菠萝200克

柠檬50克

|做法|

①菠萝去皮，洗净，切成小块；柠檬洗净去皮、核，切块。

②把菠萝和柠檬放入果汁机内，搅打均匀，倒入杯中即可。

> **另一种美味**
>
> 加入沙田柚100克、适量蜂蜜一同榨汁，可制作成沙田柚菠萝汁，此款果汁爽滑、可口。

荔枝

别名：妃子笑、丹荔

成熟季节：6~7月

性味归经：性温，味甘、酸。归心、脾经。

"南国四大果品之一"

● **营养成分** |> 荔枝含有丰富的糖分、蛋白质、多种维生素、脂肪、柠檬酸、果胶、维生素B$_1$、维生素B$_2$、维生素B$_3$、磷、铁等。

● **营养功效** |> ①增强免疫力：荔枝含有丰富的糖分、蛋白质、多种维生素、脂肪、柠檬酸、果胶等，具有增强人体免疫力的功效。②美白护肤：荔枝拥有丰富的维生素，可促进微细血管的血液循环，防止雀斑，令皮肤更加光滑。此外，荔枝还有生津、益血、健脑、理气、止痛等作用，对贫血、心悸、失眠、口渴、气喘等均有较好的食疗效果。

● **选购窍门** |> 要选择果肉透明但汁液不溢出、肉质结实的荔枝。

● **保存方法** |> 荔枝不宜保存，建议现买现食。也可晒成荔枝干，酿酒、做菜。

● **处理要点** |> 将荔枝一个一个剪下洗净，再剥去外壳，去除核。

🥤 荔枝汁

| 原料 |

荔枝400克

椰子少许

柠檬1/4个

| 做法 |

①将荔枝去皮及核；柠檬洗净切片；椰子取肉，切块。

②将全部材料一同放入榨汁机中，榨成汁即可。

另一种美味

取荔枝9个、酸奶200克，可制作成荔枝酸奶，此果汁爽滑可口，尤其适合老年人食用。

柠檬

别名：	益母果、柠果、黎檬
成熟季节：	2～3月
性味归经：	性微温，味甘酸。归肺、胃经。

"柠檬酸仓库"

● **营养成分** |> 柠檬富含维生素C、糖类、钙、磷、铁、维生素B$_1$、维生素B$_2$、维生素B$_3$、奎宁酸、柠檬酸、苹果酸、橙皮苷、柚皮苷、香豆精、高量钾元素和低量钠元素等营养成分。

● **营养功效** |> ①美白护肤：鲜柠檬的维生素含量极为丰富，能防止和消除皮肤色素沉着，使皮肤白皙。其独特的果酸成分可以软化角质层，令皮肤变得白皙而富有光泽。
②增强免疫力：柠檬富含维生素C、糖类、钙、磷、铁、维生素B$_1$、维生素B$_2$、柠檬酸等，可以预防感冒、增强免疫力。此外，柠檬还具有止渴生津、祛暑、安胎、疏滞、健胃、止痛等功能。

● **选购窍门** |> 要选果皮有光泽、新鲜而完整的果实。

● **保存方法** |> 切开后的柠檬最好用保鲜膜包好，再放入冰箱保存。

● **处理要点** |> 柠檬放入清水中浸泡洗净后，再对半切开。

🥛 柠檬汁

| 原料 |

| 柠檬1个 | 橙子2个 | 苹果少许 |

| 做法 |

①将柠檬洗净，对半切开，去皮；橙子去皮，切小块；苹果去皮、核，切块。
②将柠檬、橙子、苹果一同倒入榨汁机中榨汁，最后过滤取汁即可。

> **另一种美味**
>
> 加入适量菠萝和蜂蜜，可制作成纤体柠檬汁，此款果汁酸甜美味。

猕猴桃

别名：狐狸桃、野梨、洋桃
成熟季节：8～10月
性味归经：性寒，味甘酸。归胃、膀胱经。

"水果之王"

● **营养成分** |> 猕猴桃含有多种维生素、脂肪、氨基酸、蛋白质和钙、磷、铁、镁、果胶等，其中维生素C含量很高。

● **营养功效** |> ①降低血脂：猕猴桃中含有的膳食纤维可以降低胆固醇，保护心脏，对高血压、高血脂、肝炎、冠心病等有预防作用。②开胃消食：猕猴桃中含有猕猴桃碱和多种蛋白酶，具有养胃健脾、助消化、防止便秘的功效。③提神健脑：猕猴桃中所含的天然肌醇有助于脑部活动，具有提神健脑的功效。此外，猕猴桃还有乌发美容、护肤养颜的作用。

● **选购窍门** |> 要选择果实饱满、茸毛尚未脱落的果实，过于软的果实不要买。

● **保存方法** |> 未成熟的猕猴桃和苹果放在一起有催熟作用，保存时间不宜太长。

● **处理要点** |> 将猕猴桃对半切开成两半，用勺子将果肉完整地挖出，再将果肉切成小丁即可榨汁。

猕猴桃苹果汁

|原料|

猕猴桃2个　苹果1/2个　莴笋30克　柠檬适量

|做法|

①猕猴桃、苹果、柠檬、莴笋均洗净，去皮，切块。

②把猕猴桃、苹果、柠檬、莴笋、温开水一起放入榨汁机中搅匀即可。

[另一种美味]

加入少许糖水、50克橙子一同榨汁，可制作成猕猴桃柳橙汁，此果汁酸甜可口。

火龙果

别名：青龙果、红龙果、龙珠果
成熟季节：5月～11月
性味归经：性凉，味甜。归肺、胃、大肠经。

"吉祥果"

● **营养成分** |> 火龙果含有白蛋白、维生素E、花青素、维生素C、胡萝卜素等。

● **营养功效** |> ①增强免疫力：火龙果中含有丰富的果糖和蔗糖，糖分以葡萄糖为主，这种天然葡萄糖容易被人体吸收，具有增强免疫力、开胃消食的功效。②美白护肤：火龙果中富含维生素C，具有美白护肤、防黑斑的营养功效。③延缓衰老：红肉火龙果中的花青素是一种抗氧化剂，能有效防止血管硬化，还能对抗自由基，有延缓衰老的作用。此外，火龙果还有预防便秘、降血脂、降血压、帮助细胞膜形成、预防贫血、降低胆固醇的功效。

● **选购窍门** |> 以外观光滑亮丽、果身饱满、颜色呈鲜紫红的火龙果为佳。

● **保存方法** |> 热带水果不宜放入冰箱中保存，以免冻伤反而很快变质。建议现买现食或放在阴凉通风处储存。

● **处理要点** |> 用刀将火龙果对半剖开，可以用勺子将果肉挖出，再将果肉放入榨汁机中榨汁。

🥤 火龙果汁

| 原料 |

红肉火龙果半个　　香蕉1根　　优酪乳200克

| 做法 |

①将红肉火龙果、香蕉分别去皮，切成等份小块。

②将准备好的材料放入榨汁机内，加入优酪乳，搅打成汁即可。

另一种美味

加入适量柠檬汁、酸奶200克一同榨汁，可制作成火龙果降压汁，此果汁酸甜爽滑，尤其适合老年人食用。

木瓜

别名：海棠、木梨、木李

成熟季节：9～10月

性味归经：木瓜性温，味酸。归肝、脾经。

"百益果王"

◎ **营养成分**▷ 木瓜含番木瓜碱、木瓜蛋白酶、凝乳酶、胡萝卜素等，并富含17种以上氨基酸及多种营养元素。

◎ **营养功效**▷ ①延缓衰老：木瓜含大量丰富的胡萝卜素、维生素C、蛋白质，可以促进人体新陈代谢，美容养颜，延缓衰老。②排毒瘦身：木瓜中所含的木瓜蛋白酶具有减肥的作用。③降低血脂：木瓜中所含的齐墩果成分是一种具有护肝降酶、抗炎抑菌、降低血脂等功效的化合物。此外，木瓜能理脾和胃、平肝舒筋，可走筋脉而舒挛急，对转筋、腿痛、湿痹、脚气的治疗有一定帮助。

◎ **选购窍门**▷ 购买木瓜时，用手触摸，果实坚而有弹性者为佳。最好选择大半熟程度的为佳，这样的木瓜肉质爽滑可口。

◎ **保存方法**▷ 常温下能储存2～3天，建议购买后尽快食用。

◎ **处理要点**▷ 木瓜榨汁前应切长块，再横着切成小块，可大大缩短榨汁时间。

木瓜汁

原料

木瓜1/2个　　绿提子60克　　柠檬适量

做法

①将木瓜去皮后洗净，切适量大小；绿提子、柠檬分别洗净去皮、核。

②将所有材料放入榨汁机一起搅打成汁即可。

> **另一种美味**
>
> 加入柳橙1个、酸奶120克，可制作成木瓜柳橙汁，此果汁入口顺滑，尤其适合女性食用。

芒果

| 别名：檬果、望果、羡仔、忙果 |
| 成熟季节：8~9月 |
| 性味归经：性平，味甘。归胃、小肠经。 |

"热带果王"

营养成分 |> 芒果中含有丰富的蛋白质、膳食纤维、胡萝卜素、维生素C、糖类等。

营养功效 |> ①开胃消食：芒果的果汁能增加胃肠蠕动，使粪便在结肠内停留时间变短，因此对防治结肠癌很有裨益。②美白护肤：芒果的胡萝卜素含量特别高，能润泽皮肤，是女士们的美容佳果。③防癌抗癌：芒果中含有一种生物活性成分丹宁，丹宁酸是种多酚，带有苦味，可以预防或抑制癌细胞。④保护视力：芒果的糖类及维生素含量非常丰富，尤其维生素A原含量占水果之首位，具有明目的作用。此外，芒果还有益胃止呕、生津解渴及止晕眩等功效。

选购窍门 |> 应选表皮光滑、平整、颜色均匀的芒果。

保存方法 |> 阴凉通风条件下可保存10天左右。

处理要点 |> 芒果不宜在水中浸泡过长时间，否则芒果内的维生素会流失。芒果榨汁前要去皮，然后把核去掉，再把芒果果肉切成小块。

芒果蜂蜜汁

| 原料 |

芒果1个

纯蜂蜜10克

| 做法 |

①芒果洗净，削皮，去核，取果肉。
②加蜂蜜搅打至起沫即可。

另一种美味

加入圣女果200克一同榨汁，即成圣女果芒果汁，此果汁酸甜美味，尤其适合老年人食用。

哈密瓜

别名：甘瓜、甜瓜、网纹瓜、果瓜

成熟季节：6月～10月

性味归经：性寒，味甘。归肺、胃、膀胱经。

"瓜中之王"

● **营养成分** |> 哈密瓜含有丰富的维生素、膳食纤维、果胶、苹果酸及钙、磷、铁等矿物质。

● **营养功效** |> ①美白护肤：哈密瓜中含有丰富的抗氧化剂，而这种抗氧化剂能够有效增强细胞防晒的能力，减少皮肤黑色素的形成。②增强免疫力：哈密瓜能补充水溶性维生素C和B族维生素，确保机体保持正常新陈代谢的需要。③清热解暑：哈密瓜营养丰富，水分含量也多，具有清热解暑的功效。

● **选购窍门** |> 挑选哈密瓜时，用手摸一摸瓜身，如果瓜身坚实微软，说明成熟度就比较适中。

● **保存方法** |> 哈密瓜属后熟果类，可以储存一段时间，建议在阴凉通风处储存，可放2周左右。

● **处理要点** |> 哈密瓜削去外皮，去瓤，切成1厘米左右的小块再入榨汁机榨汁。

哈密瓜汁

| 原料 |

哈密瓜1/2个

| 做法 |

①哈密瓜洗净，去籽，去皮，切小块。

②将哈密瓜放入果汁机内，搅打均匀。

③把哈密瓜汁倒入杯中，用哈密瓜皮装饰即可。

> **另一种美味**
>
> 加入椰奶40克、柠檬1/2个，可制作成哈密瓜椰奶，此款果汁入口爽滑。

桑葚

别名：桑粒、桑果

成熟季节：5月~6月

性味归经：性寒，味甘。归心、肝、肾经。

"入夏时令果"

● **营养成分**|> 桑葚果实中含有丰富的活性蛋白、苹果酸、葡萄糖、果糖、花青素、胡萝卜素、无机盐、多种维生素等成分。

● **营养功效**|> ①健脾益胃：桑葚中含有鞣酸、脂肪酸、苹果酸等营养物质，能促进脂肪、蛋白质及淀粉的消化，故有健脾胃、助消化之功效。②乌发美容：桑葚中除含有大量人体所需要的营养物质外，还含有乌发素，能使头发变得黑而亮泽。③防癌抗癌：桑葚中所含的芸香苷、花青素、葡萄糖等成分，有预防肿瘤、防治癌细胞扩散的功效。此外，桑葚还有滋补肝肾、补血、生津止渴的功效。

● **选购窍门**|> 选购桑葚时，尽量挑选紫红色或紫黑色的，并且没汁液流出的果实。

● **保存方法**|> 桑葚不宜保存，建议现买现食。

● **处理要点**|> 由于桑葚表皮很薄，最好轻拿轻放，而且买回来的桑葚最好放入淡盐水中浸泡片刻后再食用或榨汁。

桑葚汁

| 原料 |

桑葚80克

| 做法 |

①将桑葚洗干净。

②将桑葚放入果汁机内榨成汁，过滤后将果汁倒入杯中即可。

另一种美味

加入猕猴桃1个、牛奶150克，可制作成桑葚猕猴桃奶，味道会更好，尤其适合男性食用。

石榴

别名：甜石榴、酸石榴、安石榴
成熟季节：9~10月
性味归经：性温，味酸。归脾、胃经。

"多子果"

◉ **营养成分** |▷ 石榴含蛋白质、脂肪、膳食纤维、碳水化合物、维生素B_1、维生素B_2、维生素C、维生素E等。

◉ **营养功效** |▷ ①防治腹泻：石榴有明显的收敛作用，能够涩肠止血，加之具有良好的抑菌作用，所以是治疗腹泻、出血的佳品。②防癌抗癌：石榴汁的多酚含量比绿茶高得多，对大多数依赖雌激素的乳腺癌细胞有毒性，但对正常细胞大多数没影响。③抗氧化：石榴有奇特的抗氧化能力。如果每天饮用少量石榴汁，连续饮用2周，可将氧化过程减缓40%，并可减少已沉积的氧化胆固醇。

◉ **选购窍门** |▷ 选购时，以果实饱满、重量较重，且果皮表面色泽较深的较好。可以用手轻轻捏一下，尽量选择软一些的。

◉ **保存方法** |▷ 石榴不宜保存，建议买回来后1周之内吃完。

◉ **处理要点** |▷ 用刀子在石榴顶上环形切一圈，这样能很快剥开石榴的皮。

石榴橙子汁

原料

石榴1个

橙子2个

奶昔少许

做法

①橙子洗净，去皮，切块；石榴切开去皮，取石榴籽。
②将两者一起搅打成汁，加少许奶昔装饰即可。

另一种美味

加入适量的甜胡椒一同榨汁，会让此款果汁口感更佳。

李子

别名：嘉庆子、李实、嘉应子
成熟季节：6~9月
性味归经：性凉，味甘酸。归肝、肾经。

"抗衰防病的超级果"

● **营养成分**|> 李子含有糖、蛋白质、脂肪、胡萝卜素、维生素B_1、维生素B_2、维生素B_3、维生素C、天门冬素、谷酰胺、丝氨酸、甘氨酸、钙、磷、铁等成分。

● **营养功效**|> ①促消化：李子能促进胃酸和胃消化酶的分泌，有增加肠胃蠕动的作用，有促进消化、增加食欲的功效。②美容养颜：李子的悦面养容之功十分奇特，能使颜面光洁如玉，实为现代美容养颜不可多得的天然食物。此外，李子还有清肝涤热、生津液、利小便之功效。

● **选购窍门**|> 挑选李子时，要看李子果皮的颜色，新鲜李子果皮光亮，颜色半青半红，而且果肉结实、不发软。

● **保存方法**|> 将李子放入保鲜袋中，再放入冰箱中冷藏，可保存1周。

● **处理要点**|> 将李子放入淡盐水中浸泡片刻后用双手轻轻搓洗即可。

李子牛奶饮

| 原料 |

李子2个　　　牛奶200克　　　蜂蜜适量

| 做法 |

①将李子洗净，去核取肉。
②将李子肉、牛奶放入榨汁机中。
③再加入蜂蜜，搅拌均匀即可。

┌─── **另一种美味** ───┐

加入少许冰块，这样榨出来的果汁更美味爽口。

番石榴

别名：芭乐、拔子、鸡矢果

成熟季节：10～11月

性味归经：性温，味酸、涩。归大肠经。

"超级抗衰老食品"

● **营养成分** |> 番石榴含有蛋白质、脂肪、糖类、多种维生素、钙、磷、铁等成分。

● **营养功效** |> ①增强食欲：番石榴营养丰富，含有蛋白质、脂肪、糖类、多种维生素、钙、磷、铁等成分，可增加食欲、促进儿童生长发育。②降压降糖：番石榴可防治高血压、糖尿病，是最为理想之食用水果。③美容护肤：番石榴含有丰富的维生素C，具有美容护肤的功效。此外，番石榴还有排毒、瘦身等功效，适合肥胖症人士食用。

● **选购窍门** |> 挑选番石榴时，最好挑颜色亮一些的，体表绿色不能太深也不宜发白，手感要硬脆。成熟的番石榴颜色黄中泛白，但市场上多是青色为主，放置几天就可变得成熟。

● **保存方法** |> 可放在阴凉通风处保存1周，建议现买现食。

● **处理要点** |> 用清水洗净表皮，再切块放入榨汁机中榨汁即可。

番石榴菠萝汁

| 原料 |

番石榴2个

菠萝30克

橙子1个

| 做法 |

①番石榴洗净，切开，去籽；菠萝去皮，洗净后切块；橙子去皮，切块。

②将切好的番石榴、菠萝、橙子榨汁即可饮用。

> **另一种美味**
>
> 再加少许冰块和柠檬汁，可制作成番石榴柠檬汁。此款果汁味道鲜美爽口。

葡萄柚

别名： 西柚

成熟季节： 10~11月

性味归经： 性寒，味甘、酸、苦。归脾、肾经。

"果中珍品"

● **营养成分**|> 葡萄柚中含有各种维生素、果胶、钾、天然叶酸、碳水化合物、膳食纤维等营养成分。

● **营养功效**|> ①美化肌肤：葡萄柚含有维生素P，可以强化皮肤、收缩毛孔，对于控制肌肤出油很有效果。②防癌抗癌：葡萄柚含有丰富的果胶，果胶是一种可溶性纤维，可以溶解胆固醇，对于肥胖症、蜂窝组织炎症等颇有改善作用，可降低癌症发生的概率。③保护心脏：葡萄柚还是富含钾而几乎不含钠的天然食品，因此是心脏病患者的食疗佳品。

● **选购窍门**|> 挑选葡萄柚时，可放在手上掂一掂重量，有重量感的代表水分多。

● **保存方法**|> 常温下可保存15天左右。

● **处理要点**|> 葡萄柚剥去外皮后，食肉即可。

葡萄柚梨汁

| 原料 |

红葡萄柚50克

橙子300克

梨2个

| 做法 |

①葡萄柚去皮，取果肉；橙子、梨均洗净，去皮，切块。

②将所有原料放入榨汁机中榨汁即可。

> **另一种美味**
>
> 加入适量葡萄汁，会让此果汁更美味。此果汁最好现做现饮，营养更丰富，口感也更佳。

西红柿

别名：番茄、番李子、洋柿子
成熟季节：夏季
性味归经：性凉，味甘、酸。归肝、胃、肺经。

"爱情果"

● **营养成分** |> 含有丰富的钙、磷、铁、胡萝卜素及B族维生素和维生素C等。

● **营养功效** |> ①增强免疫力：西红柿中的B族维生素参与人体广泛的生化反应，能调节人体代谢功能，增强机体免疫力。②降低血压：西红柿中的维生素C有生津止渴、健胃消食、凉血平肝、清热解毒、降低血压的功效。③美白护肤：西红柿还有美容效果，常吃具有使皮肤细滑白皙的作用，可延缓衰老。

● **选购窍门** |> 自然成熟的西红柿周围有些绿色，捏起来很软，外观圆滑，透亮而无斑点，籽粒是土黄色，肉质红色，沙瓤，多汁。不要买带尖、底很高或有棱角的，也不要挑选拿着感觉分量很轻的，这些都是用催红素催熟的西红柿。

● **保存方法** |> 购回西红柿后，用抹布擦干净，摞放在阴凉通风处（果蒂向上），一般情况下，可保存10天左右。

● **处理要点** |> 用西红柿榨汁，最好剥去西红柿皮，可用开水烫一下表皮，这样更容易剥皮。

🥤 西红柿汁

| 原料 |

西红柿2个

| 做法 |

①西红柿用水洗净，去蒂，切成四块。
②榨汁机内加入西红柿和温开水搅打均匀。
③把西红柿汁倒入杯中即可。

另一种美味

加入适量食盐，此款果汁酸甜美味，尤其适合儿童食用。

西蓝花

别名：花椰菜、青花菜

成熟季节：4～5月

性味归经：性凉，味甘。归脾、肾、胃经。

"穷人的医生"

● **营养成分** |> 西蓝花含有蛋白质、碳水化合物、脂肪、矿物质、维生素C、胡萝卜素等营养成分。

● **营养功效** |> ①降低血脂：西蓝花富含的类黄酮除了可以防止感染，还是最好的血管清理剂，能够阻止胆固醇氧化，防止血小板凝结成块，因而减少心脏病与脑卒中的危险。②防癌抗癌：西蓝花不但能给人体补充一定量的硒和维生素C，同时也能供给丰富的胡萝卜素，对阻止癌前病变形成、抑制癌肿生长，有一定食疗效果。

● **选购窍门** |> 选购西蓝花要注意花球要大，紧实，色泽好，花茎脆嫩，以花芽尚未开放的为佳，而花芽黄化、花茎过老的西蓝花则说明品质不佳。

● **保存方法** |> 用保鲜膜封好置于冰箱中可保存1周左右。

● **处理要点** |> 切西蓝花时从西蓝花的头茎切入，不要切太深，然后用一点力切开或撕开。

西蓝花汁

| 原料 |

西蓝花50克

| 做法 |

①将西蓝花切成小朵状，洗净，用沸水煮熟后以冷水浸泡片刻，沥干备用。

②将西蓝花倒入果汁机中，加450克冷开水搅打成汁即可。

> **另一种美味**
>
> 加入适量红糖，味道会更美味。尤其适合女性食用。

白萝卜

别名：莱菔、罗菔

成熟季节：12~2月

性味归经：性凉，味辛、甘。归肺、胃经。

"大众人参"

● **营养成分**|> 白萝卜含蛋白质、糖类、B族维生素和大量的维生素C，以及铁、钙、磷、纤维素、芥子油和淀粉酶等成分。

● **营养功效**|> ①增强免疫力：白萝卜中富含的维生素C能提高机体免疫力。②防癌抗癌：白萝卜中含有多种微量元素，能抑制癌细胞的生长，对防癌、抗癌有着重要意义。③排毒瘦身：白萝卜中还有芥子油，能促进胃肠蠕动，帮助机体将有害物质较快排出体外，有效防止便秘和肠癌的发生。此外，白萝卜还有促进新陈代谢、增进食欲、化痰清热、帮助消化、化积滞的作用，对食积胀满、痰咳失音等症有食疗效果。

● **选购窍门**|> 白萝卜皮细嫩光滑，用手指轻弹白萝卜，以声音沉重、结实的为佳，如声音混浊则多为糠心。

● **保存方法**|> 白萝卜在常温下保存时间较其他蔬菜要长。

● **处理要点**|> 白萝卜榨汁时应注意，一定要去皮，否则味道不好。

白萝卜姜汁

| 原料 |

白萝卜1/2根　　　姜30克　　　冰糖适量

| 做法 |

①将白萝卜洗净，切块；将姜去皮洗净，切碎。

②将白萝卜、姜、冰糖放入榨汁机中榨汁，最后倒入杯中即可。

另一种美味

加入适量蜂蜜，味道会更美味，而且可增强免疫力、美容护肤，适合女性食用。

胡萝卜

别名：红萝卜、金笋、丁香萝卜

成熟季节：11月.

性味归经：性平，味甘、涩。归心、肺、脾、胃经。

"小人参"

● **营养成分**|> 胡萝卜富含糖类、蛋白质、脂肪、碳水化合物、胡萝卜素、B族维生素、维生素C等。

● **营养功效**|> ①增强免疫力：胡萝卜中含有丰富的胡萝卜素，能有效促进细胞发育，预防先天不足，经常食用有助于提高人体免疫力。②提神健脑：胡萝卜富含的维生素E能有效地给身体供氧，有提神健脑的功效。③保肝明目：胡萝卜含有胡萝卜素，具有保肝明目的功效。此外，胡萝卜还有健脾和胃、清热解毒、壮阳补肾、透疹、降气止咳等功效。

● **选购窍门**|> 要选购圆直、表皮光滑、色泽橙红、无须根的胡萝卜。

● **保存方法**|> 胡萝卜放进冰箱前最好先切掉顶上绿色的部分。然后将胡萝卜用保鲜膜封好，置于冰箱中可保存2周左右。

● **处理要点**|> 胡萝卜洗净后要去皮，再切成0.5厘米的小块入榨汁机中榨汁。

芹菜胡萝卜人参果汁

| 原料 |

芹菜50克　　　胡萝卜80克　　　人参果90克

| 做法 |

①将芹菜洗净，切丁；胡萝卜洗净，去皮，切丁；人参果洗净，切丁。

②将所有材料放入榨汁机中，搅拌2分钟即可。

另一种美味

加入适量包菜一同榨汁，可制作成包菜胡萝卜南瓜牛奶，此果汁美容护肤，美味可口，尤其适合女性食用。

白菜

别名：大白菜、黄芽菜、黄矮菜

成熟季节：12～2月

性味归经：性平，味苦、辛、甘。归肠、胃经。

"菜中之王"

● **营养成分** |> 白菜含蛋白质、多种维生素、膳食纤维、钙、磷、铁、锌等成分。

● **营养功效** |> ①增强抵抗力：白菜可增强身体抵抗力，有预防感冒及消除疲劳的功效。②润肠排毒：白菜含有丰富的膳食纤维，不但能起到润肠、促进排毒的作用，而且还能刺激肠胃蠕动，促进大便排泄，帮助消化的功能，对预防肠癌有良好作用。此外，白菜还有降低血压、降低胆固醇、止咳化痰、防癌抗癌的功效。

● **选购窍门** |> 选购白菜时，尽量挑选个大的白菜，因为个大的白菜的食用叶茎就比较多。还应挑选包得紧实、新鲜、无虫害的大白菜为宜。

● **保存方法** |> 白菜为早熟品种，其质地细嫩，不耐贮存；未用完的白菜可用保鲜膜完整包好，再放入冰箱冷藏。

● **处理要点** |> 白菜应在榨汁前半小时在淡盐水中浸泡，然后沥干水分再切小块。

大白菜汁

| 原料 |

大白菜50克

梨50克

姜1片

| 做法 |

①将大白菜洗净，切碎；梨去皮去核，切块；姜洗净。

②将所有材料倒入果汁机中，搅打成汁即可。

另一种美味

加入柠檬汁30克、蜂蜜10克，可制作成白菜柠檬汁，此款果汁有增强免疫力的作用，尤其适合老年人食用。

菠菜

别名：赤根菜、鹦鹉菜、波斯菜

成熟季节：3~5月

性味归经：性凉，味甘、辛。归肠、胃经。

"蔬菜之王"

● **营养成分** |> 菠菜含蛋白质、脂肪、碳水化合物、维生素、铁、钾、胡萝卜素、叶酸、草酸、磷脂等。

● **营养功效** |> ①补血养颜：菠菜含有丰富的铁，可以预防贫血，使皮肤保持良好的血色。②排毒瘦身：菠菜含有大量水溶性纤维素，能够清理肠胃热毒，防治便秘。③增强免疫力：菠菜中含有维生素E和硒元素，能促进人体新陈代谢，延缓衰老，增强免疫力。此外，菠菜还能滋阴润燥、通利肠胃、补血止血。

● **选购窍门** |> 选购菠菜时，要挑选粗壮、叶大、无烂叶和萎叶、无虫害和农药痕迹的鲜嫩菠菜。

● **保存方法** |> 利用湿报纸包菠菜，再用塑胶袋包装之后放入冰箱冷藏，可保鲜两三天。

● **处理要点** |> 菠菜洗净后最好切成小段后再榨汁，这样更美味。

菠菜汁

| 原料 |

菠菜100克

蜂蜜少许

| 做法 |

①将菠菜洗净，切成小段。

②将菠菜放入榨汁机中，倒入凉开水搅打，榨成汁后，加蜂蜜调味。

另一种美味

取菠菜100克、胡萝卜50克、包菜2片、西芹60克，可制作成菠菜胡萝卜汁，此果汁爽滑可口，尤其适合孕产妇食用。

油菜

别名：芸薹、上海青、油白菜

成熟季节：4～8月

性味归经：性温，味辛。归肝、肺、脾经。

"美容健身菜"

● **营养成分** |> 油菜含碳水化合物、蛋白质、脂肪、铁、磷、钙、B族维生素、维生素C、胡萝卜素等成分。

● **营养功效** |> ①排毒瘦身：油菜中的膳食纤维能调理肠道功能，有排毒瘦身的功效。②防癌抗癌：油菜中富含的胡萝卜素能转变成大量的维生素A，可以有效地预防肺癌的发生。③降低血脂：油菜为低脂肪蔬菜，且含有膳食纤维，能与胆酸盐和食物中的胆固醇及甘油三酯结合，故可用来降血脂。此外，油菜还具有活血化瘀、消肿解毒、润肠通便、强身健体的功效。

● **选购窍门** |> 要挑选新鲜、油亮、无黄萎叶的嫩油菜，还要仔细观察菜叶的背面有无虫蛀和药痕。

● **保存方法** |> 油菜宜置于阴凉通风处保存，不宜放在冰箱里储存。

● **处理要点** |> 油菜最好用水焯一下再榨汁。

油菜李子汁

| 原料 |

油菜40克

李子4个

| 做法 |

①将李子洗净，去核，切小块；油菜洗净，均小段。

②将李子、油菜放入榨汁机一起搅打成汁即可。

另一种美味

加入紫包菜40克、豆奶200克，可制作成油菜紫包菜汁。

包菜

别名：圆白菜、卷心菜

成熟季节：3～5月

性味归经：性平，味甘。归脾、胃经。

"莲花白"

● **营养成分**|> 包菜含有蛋白质、碳水化合物、脂肪、纤维素等营养成分。

● **营养功效**|> ①增强免疫力：包菜中含有丰富的维生素C，能强化免疫细胞，对抗感冒病毒。②防癌抗癌：包菜中的萝卜硫素和吲哚类化合物具有很强的抗癌作用。③治疗溃疡：包菜中的维生素U是抗溃疡因子，并具有分解亚硝酸胺的作用，对溃疡有着很好的治疗作用。此外，包菜还有补骨髓、润脏腑、益心力、壮筋骨、利脏器、祛结气、清热止痛、增进食欲、促进消化、预防便秘的功效。

● **选购窍门**|> 包菜的质量以结球坚实，包裹紧密，质地脆嫩，色泽黄白，青白，无虫蛀、无蔫萎者为好。

● **保存方法**|> 可置于阴凉通风处保存2周左右。

● **处理要点**|> 包菜应一片一片剥开放入水中清洗，再切成小片，这样榨汁更有营养。

包菜汁

| 原料 |

包菜200克

蜂蜜1大匙

| 做法 |

①将包菜用水洗净，切块。

②用榨汁机榨出包菜汁。

③在包菜汁内加入温开水和蜂蜜，拌匀即可。

另一种美味

加入莴笋50克、苹果60克一同榨汁，可制作成包菜苹果莴笋汁，此款果汁营养丰富，味道鲜美。

芹菜

别名：蒲芹、香芹

成熟季节：9～11月

性味归经：性凉，味甘、辛。归肺、胃、肝经。

"夫妻菜"

● **营养成分**|▷ 芹菜含蛋白质、甘露醇、食物纤维、胡萝卜素、维生素C、维生素P、钙、铁、磷等。

● **营养功效**|▷ ①补血养颜：铁是合成血红蛋白不可缺少的原料，是促进B族维生素代谢的必要物质。芹菜含有较多的铁，有补血的功效。②降低血压：芹菜中含有酸性的降压成分，可使血管扩张，它能对抗烟碱、山梗茶碱引起的升压反应。③提神健脑：从芹菜中分离出的一种碱性成分，有利于安定情绪、消除烦恼。此外，芹菜还有清热除烦、平肝、利水消肿、凉血止血的作用。

● **选购窍门**|▷ 选购时，要选色泽鲜绿、叶柄厚、茎部稍呈圆形、内侧微向内凹的芹菜。

● **保存方法**|▷ 用保鲜膜将茎叶包严，根部朝下，竖直放入水中，水没过芹菜根部5厘米，可让芹菜一周内不老不蔫。

● **处理要点**|▷ 榨蔬果汁用的芹菜应尽量切小块或者切碎。

芹菜柿子饮

|原料|

芹菜200克　　　柿子1/2个

|做法|

①将芹菜去叶，洗净切小丁；柿子去皮，洗后切小块。

②将芹菜和柿子放入榨汁机一起搅打成汁，加入冰块即可。

另一种美味

加入适量柠檬汁和酸奶，可制作成芹菜柠檬酸奶汁，此果汁入口顺滑，尤其适合老年人食用。

黄瓜

别名：胡瓜、青瓜

成熟季节：6～10月

性味归经：性凉，味甘。归肺、胃、大肠经。

"厨房里的美容剂"

● **营养成分** |> 黄瓜含有蛋白质、食物纤维、矿物质、维生素、乙醇、丙醇等，并含有多种游离氨基酸。

● **营养功效** |> ①排毒瘦身：黄瓜中含有丰富的膳食纤维，它对促进肠蠕动、加快排泄有一定的作用，从而十分有利于减肥。②降低血糖：黄瓜中所含的葡萄糖苷、果糖等不参与通常的糖代谢，故糖尿病人以黄瓜代替淀粉类食物充饥，血糖非但不会升高，反而会降低。此外，黄瓜还有除湿、利尿、降脂、镇痛、促消化之功效。

● **选购窍门** |> 质量好的黄瓜鲜嫩，外表的刺粒未脱落，色泽绿，手摸时有刺痛感，外形饱满，硬实。

● **保存方法** |> 保存黄瓜要先将表面的水分擦干，再放入密封保鲜袋中，封好袋口后放入冰箱冷藏即可。

● **处理要点** |> 黄瓜尾部含有较多的苦味素，苦味素有抗癌的作用，不宜把黄瓜尾部全部丢掉。

黄瓜汁

|原料|

黄瓜300克

白糖

柠檬50克

|做法|

①黄瓜洗净，切片；柠檬洗净后切片。

②将黄瓜切碎，与柠檬一起放入榨汁机内加少许水榨成汁，取汁，兑入白糖拌匀即可。

> **另一种美味**
>
> 加入适量莴笋一同榨汁，再放入少许碎冰，可制作成黄瓜莴笋汁，此款果汁冰爽可口。

南瓜

别名：麦瓜、倭瓜、金冬瓜

成熟季节：7～9月

性味归经：性温，味甘。归脾、胃经。

"美颜佳品"

● **营养成分**|> 南瓜含蛋白质、淀粉、糖类、胡萝卜素、维生素B_1、维生素B_2、维生素C和膳食纤维，以及钾、磷、钙、铁、锌等。

● **营养功效**|> ①降低血糖：南瓜含有丰富的钴，钴是人体胰岛细胞所必需的微量元素，可与氨基酸一起促进胰岛素的分泌，对防治糖尿病、降低血糖有特殊的疗效。②增强免疫力：南瓜中所含的锌可促进蛋白质合成，与胡萝卜素一起作用可提高机体的免疫能力。③促进消化：南瓜所含成分能促进胆汁分泌，加强胃肠蠕动，帮助食物消化。此外，南瓜所含果胶还可以保护胃肠道黏膜，免受粗糙食品刺激，促进溃疡愈合，适宜于胃病患者。

● **选购窍门**|> 要选择个体结实、表皮无破损、无虫蛀的南瓜。

● **保存方法**|> 南瓜切开后，可将南瓜籽去掉，用保鲜袋装好后放入冰箱冷藏保存。

● **处理要点**|> 南瓜皮较厚，去南瓜皮时要往南瓜肉里稍微多切一点。

南瓜椰奶汁

| 原料 |

南瓜100克　　椰奶50克　　红糖10克

| 做法 |

①将南瓜去皮，洗净后切丝，用水煮熟后捞起沥干。

②将所有材料放入榨汁机内，加冷开水，搅打成汁即可。

> **另一种美味**
>
> 取南瓜100克、胡萝卜50克、橙子1个、柠檬汁少许、冰水200克，可制作成酸甜的南瓜胡萝卜橙子汁。

苦瓜

| 别名：凉瓜、癞瓜 |
| 成熟季节：5~6月 |
| 性味归经：性寒，味苦。归心、肝、脾、胃经。 |

"君子菜"

● **营养成分**|> 苦瓜含胰岛素、蛋白质、脂肪、淀粉、维生素C、膳食纤维、胡萝卜素等，以及钙、磷、铁等多种矿物质。

● **营养功效**|> ①开胃消食：苦瓜中的苦瓜苷和苦味素能增进食欲，起到开胃消食的作用。②防癌抗癌：苦瓜所含的蛋白质成分及大量维生素C能提高机体的免疫功能，使免疫细胞具有杀灭癌细胞的作用。③降低血糖：苦瓜的新鲜汁液，含有苦瓜苷和类似胰岛素的物质，具有良好的降血糖作用，是糖尿病患者的理想食品。

● **选购窍门**|> 选购苦瓜时，要选择颜色青翠、新鲜的苦瓜。苦瓜身上一粒一粒的果瘤，是判断苦瓜好坏的特征。果瘤越大越饱满，表示瓜肉也越厚。

● **保存方法**|> 苦瓜不宜冷藏，置于阴凉通风处可保存3天左右。

● **处理要点**|> 苦瓜切开后要去籽，最好切成小块，用盐去苦味。

苦瓜汁

|原料|

苦瓜50克　　柠檬1/2个　　蜂蜜适量

|做法|

①苦瓜洗净，去籽，切块；柠檬洗净，去皮，切小块。

②将苦瓜和柠檬倒入榨汁机中加温开水搅打成汁，再加蜂蜜调匀，倒入杯中即成。

另一种美味

加入适量姜片一同榨汁，可制作成苦瓜姜汁，此果汁苦中带丝丝甜味，可增强免疫力、提神健脑，尤其适合男性食用。

莲藕

别名：水芙蓉、莲根、藕丝菜

成熟季节：7~8月

性味归经：性凉，味辛、甘。归肺、胃经。

"泥中人参果"

⊛ **营养成分**|> 莲藕含蛋白质、脂肪、碳水化合物、热量、膳食纤维、钙、磷、铁、胡萝卜素、维生素B_1、维生素B_2、维生素B_3等成分。

⊛ **营养功效**|> ①补血养颜：莲藕含有丰富的蛋白质、糖、钙、磷、铁和多种维生素，故具有滋补、美容养颜的功效，并可改善缺铁性贫血症状。②增强免疫力：莲藕富含铁、钙等微量元素，有增强人体免疫力的作用。③排毒瘦身：莲藕中的植物纤维能刺激肠道，促进有害物质的排出，治疗便秘。

⊛ **选购窍门**|> 要挑选外皮呈黄褐色，肉肥厚而白的莲藕。

⊛ **保存方法**|> 没切过的莲藕可在室温中保存一周左右，但因莲藕容易变黑、腐烂，所以切过的莲藕要在切口处覆以保鲜膜，冷藏保鲜。

⊛ **处理要点**|> 买回来的莲藕孔里常常有泥沙，最好将藕节切去后用刀将藕皮刮去，然后将藕切成两节或三节放进水里用筷子裹上纱布捅窟窿，最后用水冲一冲即可。

莲藕苹果汁

|原料|

莲藕1/3个

苹果1/2个

柳橙1个

|做法|

①苹果洗净，去皮，去核，切块；柳橙洗净，切块；莲藕洗净去皮，切块。

②将以上材料与冷开水放入榨汁机中榨成汁即可。

另一种美味

加入适量蜂蜜和橙子一同榨汁，味道会更美味。

Part 3

日常保健蔬果汁

　　炎热的夏天到了，喝上一杯自制的蔬果汁，不仅感到清凉爽口，而且还能养生保健。蔬果中含有丰富的纤维素、维生素、矿物质、果胶等营养成分，能满足人体的多种需要。

　　本章将为大家介绍各种日常保健蔬果汁，用最常见的蔬菜和水果在家也能自制蔬果汁，每一款爽口美味的蔬果汁都将为您的健康保驾护航。

消暑解渴

炎热的夏天，由于天气干燥，温度较高，很多人会觉得口渴，舌头无味，出汗也较多。很多人总会想尽一切办法得到一丝清凉，消除暑热。其实，如果在家喝上一款自制的消暑解渴蔬果汁即可消除以上症状。

而可喜的是，在我们日常生活中就有许多蔬果能达到清热解暑和除烦止渴的作用。

具有消暑解渴功效的水果可谓不胜枚举，主要有苹果、梨、西瓜、香蕉、葡萄、柑橘、橙子、草莓、猕猴桃、菠萝、哈密瓜、牛油果、芒果等。

具有消暑解渴功效的蔬菜更是种类繁多，主要有西红柿、木瓜、黄瓜、冬瓜、芹菜、苦瓜、菠菜、胡萝卜等。

本章将为大家介绍各式各样的祛暑解渴蔬果汁的制作方法。这些蔬果汁不仅清凉爽口，消暑解渴，还能为人体补充所需的各种营养。

牛油果芒果汁

| 原料 |

牛油果100克

芒果1个

| 做法 |

①将牛油果洗净切丁；将芒果洗净去皮，取肉切成小块。

②将切好的牛油果和芒果放入榨汁机中榨汁，再洒一点牛油果点缀即成。

营养功效

牛油果含有丰富的维生素、膳食纤维、果胶、苹果酸及钙、磷、铁等成分，具有消暑解渴、益胃生津的功效；与芒果搭配榨汁可消暑解渴、开胃消食。

圣女果胡萝卜汁

| 原料 |

圣女果120克　　　　胡萝卜80克

| 做法 |

①将圣女果去蒂，洗净对半切开；将胡萝卜洗净，去皮切丁。

②将以上原料一并放入果汁机中榨汁，最后倒入杯中即可。

营养功效

圣女果具有生津止渴、健胃消食、清热解毒、凉血平肝、补血养血和增进食欲的功效。圣女果与胡萝卜一同搭配榨汁具有消暑解渴、开胃消食的功效。

牛奶草莓汁

| 原料 |

草莓350克　　　　牛奶200克

| 做法 |

①将草莓洗净，去蒂，沥干水分后放入榨汁机中。

②再倒入牛奶，按下启动键榨汁，最后倒入杯中即可饮用。

营养功效

草莓富含多种有效成分，果肉中含有大量的糖类、蛋白质、有机酸、果胶等营养物质，与牛奶搭配榨汁，具有消暑解渴、美容养颜的功效。

獼猴桃薄荷汁

| 原料 |

獼猴桃2个

薄荷叶适量

| 做法 |

①獼猴桃洗净去皮切丁；薄荷叶洗净。

②将以上原料一同放入榨汁机中榨汁，再放上一片獼猴桃点缀即可。

营养功效

獼猴桃有解热、止渴、通淋的功效；薄荷叶富含维生素C、糖类、钙、磷、铁等营养成分，能预防感冒、疏风散热。两者搭配榨汁饮用能清热解暑，预防疾病。

爽口芹菜芦笋汁

| 原料 |

芹菜70克

芦笋2根

蜂蜜1小勺

| 做法 |

①将芹菜去根、叶，洗净后均以适当大小切块；芦笋洗净，去根，切小块。

②将芹菜与芦笋一同放入榨汁机搅打成汁，滤出果汁，倒入杯中，加蜂蜜拌匀。

营养功效

芹菜含有蛋白质、纤维素、维生素等营养成分；芦笋富含蛋白质、脂肪、碳水化合物、膳食纤维等成分，能清热解毒、生津利水。夏季饮用此款果汁，能清热解暑。

🥤 小白菜苹果奶汁

原料

小白菜100克　青苹果1/4个　牛奶240克　柠檬少许

做法

①小白菜洗净，切小段；青苹果洗净，去皮及核，切块；柠檬洗净，切块。

②将小白菜、青苹果、柠檬块放入榨汁机中榨成汁，再加入牛奶调匀即可。

营养功效

小白菜能滋养肝肾、止消渴、润筋骨、明目；苹果具有润肺、健胃、生津、止渴的功效。此果汁有清热消暑、消除疲劳的功效。

🥤 苹果优酪乳

原料

苹果1个　　优酪乳60克　　蜂蜜30克

做法

①将苹果洗净，去皮、去籽，切成小块，放入榨汁机中。

②再倒入优酪乳与蜂蜜，快速搅打2分钟即可。

营养功效

优酪乳含有丰富的钙、磷、钾，有缓解疲劳、消暑解渴的功效；苹果有降低胆固醇、增强抗病能力的功效。此果汁可清热生津、解渴消暑。

草莓柠檬汁

| 原料 |

草莓180克　　柠檬适量

| 做法 |

①将草莓用清水洗净，去蒂；柠檬洗净去皮、核，切块。②将草莓、柠檬放入榨汁机中榨汁。③最后倒入杯中，并搅拌20秒即可。

营养功效

草莓含有维生素C、胡萝卜素、苹果酸等营养成分，能解热祛暑。此款果汁有消暑解渴、润肺生津、健脾养胃等功效。

香蕉茶汁

原料

香蕉100克　　绿茶茶水少许

做法

①香蕉去皮，果肉切小段，放入榨汁机中榨汁，倒入杯中。

②再倒入绿茶茶水调匀即成。

营养功效

香蕉含有丰富的维生素和矿物质，其中的镁则具有消除疲劳、解暑的效果。此果汁有清热生津、解暑的功效。

梨苹果香蕉汁

| 原料 |

梨1个　　　　苹果1个　　　　香蕉1根

| 做法 |

①梨、苹果均洗净，去核，切块；香蕉剥皮后切块。

②将梨和苹果块榨汁，加入香蕉一起搅拌，最后滤出果汁即可。

营养功效

梨有清热解毒、生津润燥、清心降火的作用，还可帮助消化、促进食欲，并有良好的解热利尿作用。梨与苹果、香蕉搭配榨汁饮用，可清热消暑、生津止渴。

莲雾西瓜蜜汁

| 原料 |

莲雾1个　　　西瓜300克　　　蜂蜜适量

| 做法 |

①将莲雾洗干净，切成小块。

②西瓜洗净，去皮，去籽，切成块，取瓜肉；将莲雾与西瓜放入榨汁机中榨出汁液，再加蜂蜜搅匀即可。

营养功效

西瓜性寒凉，不仅能解暑止渴，而且营养十分丰富；莲雾具有润肺、止咳、除痰的功用。莲雾与西瓜搭配榨汁，具有解暑生津、益气润肠、润肺止咳的功效。

🥤 蜜柑汁

| 原料 |

蜜柑250克

蜂蜜适量

豆浆100克

| 做法 |

①将蜜柑去除皮和籽洗净，切块。

②将豆浆、蜂蜜、蜜柑，置于榨汁机容杯中，充分混合搅拌2分钟即可。

（ 营养功效 ）

蜜柑富含维生素C与柠檬酸，具有生津止渴、消除疲劳、增强免疫力、健胃化痰、疏肝理气的作用。此果汁有清热消暑、增强免疫力的功效。

🥤 金橘柠檬汁

| 原料 |

金橘60克

柳橙汁15克

柠檬15克

| 做法 |

①将金橘洗净，切成小块，放入榨汁机中；柠檬洗净切块榨汁。

②再倒入柳橙汁，一同榨汁，最后将果汁倒入杯中即可。

（ 营养功效 ）

柠檬富含芳香挥发成分，可以生津解暑，开胃醒脾；金橘有生津消食、化痰利咽的功效。此款果汁可清热生津、消暑、健胃消食。

增强免疫力

由于现代人的生活节奏较快，人们承受的生活压力较大，导致很多人的身体常处于亚健康状态，身体的小毛病不断，自身免疫系统功能下降，对疾病的抵抗力也变得非常低下。

如果每天能够根据自身的状况，并结合自己的体质，适当调制并饮用一些健康有益的蔬果汁，对于人体就能起到营养和保健作用，尤其是对于调节自身免疫功能、增强身体的抵抗力、改善身体各部分功能防治疾病，都有不可估量的作用。

具有增强免疫力功效的水果有：苹果、橘子、蓝莓、黑莓、火龙果、葡萄、哈密瓜、香蕉、橙子、猕猴桃、荔枝、红枣、石榴、草莓、樱桃等。

具有增强免疫力功效的蔬菜有：芹菜、菠菜、南瓜、胡萝卜、包菜、西红柿、茄子、莲藕、洋葱、山药、西葫芦等。

苹果蓝莓汁

|原料|

苹果1/2个　　　蓝莓70克

|做法|

①苹果洗净，去核，切成小块；蓝莓洗净。
②再把蓝莓、苹果和冷开水放入果汁机内，搅打均匀，最后把果汁倒入杯中即可。

营养功效

蓝莓果胶含量很高，能有效降低胆固醇，防止动脉硬化，促进心血管健康。蓝莓与苹果榨汁可增强人体免疫力。

草莓芹菜汁

| 原料 |

 草莓80克　　 芹菜200克

| 做法 |

①将芹菜洗净，切小段；草莓洗净，对半切开。

②将芹菜放入榨汁机中榨汁，再把草莓与芹菜汁混合即可。

营养功效

芹菜有清凉消暑、除烦热、生津止渴的作用；草莓可生津润肺、养血润燥，可防治动脉硬化。此款果汁不仅有助于防治动脉硬化等疾病，还能增强人体免疫力。

莲藕橙子汁

| 原料 |

 莲藕30克　　 橙子90克

| 做法 |

①将莲藕去皮，洗净，切丁；将橙子去皮、籽，切成适当大小的块。

②将莲藕和橙子一同放入榨汁机搅打成汁，滤出果肉，倒入冰块即可。

营养功效

莲藕能补益气血，增强免疫力；橙子能增强人体免疫力、加速伤口愈合、促进病体恢复。长期饮用此款果汁，能增强人体免疫力。

🥤 香蕉柳橙优酪乳

| 原料 |

香蕉1根　　柳橙1个　　优酪乳200克

| 做法 |

①将香蕉去皮，切成大小适当的块。

②将柳橙洗净，去皮，切成小块。

③将所有材料放入榨汁机内，搅打均匀。

营养功效

常食柳橙可提高身体抵挡细菌侵害的能力；香蕉可健脾开胃、补充能量。本品可提高免疫力、健脾开胃。

荔枝菠萝汁

原料

荔枝10颗　菠萝100克　薄荷叶适量

做法

①将荔枝去皮、核，取肉；菠萝去皮，切成均匀小块；薄荷叶洗净备用。

②将荔枝和菠萝放入榨汁机榨成汁。将果汁倒入杯中，用薄荷叶点缀即可。

营养功效

荔枝含有蛋白质、维生素、磷、铁等，对贫血、心悸失眠、气喘等有较好的食疗效果。此款果汁能增强人体免疫力。

🥤 胡萝卜草莓柠檬汁

| 原料 |

胡萝卜200克　　　草莓80克　　　柠檬少许

| 做法 |

①将胡萝卜洗净，切小块；草莓洗净，去蒂；柠檬洗净，去皮切薄片。
②将所有原料一同放入榨汁机中榨汁，最后倒入杯中即可饮用。

（ 营养功效 ）

胡萝卜中的胡萝卜素转变成维生素A，有助于增强机体的免疫力。草莓对防治动脉硬化、冠心病有较好功效。长期饮用此款果汁，能增强机体免疫力。

🥤 黑莓草莓汁

| 原料 |

黑莓适量　　　　草莓适量

| 做法 |

①将黑莓洗净，沥干；草莓洗净去蒂。
②将以上原料一同放入果汁机中榨汁，最后将榨好的果汁倒入杯中即可饮用。

（ 营养功效 ）

草莓果肉多汁，酸甜可口，香味浓郁，是水果中难得的色、香、味俱佳者。草莓营养丰富，富含多种有效成分；黑莓含有机酸、维生素E、维生素K等营养物质。此款果汁具有增强人体免疫力的功效。

🥤 猕猴桃蜂蜜汁

| 原料 |

猕猴桃2个　　橙子1/2个　　蜂蜜15克

| 做法 |

①将猕猴桃洗净，对切，挖出果肉。

②将橙子洗净，切成块。

③将所有材料放入榨汁机内，榨汁即可饮用。

（ 营养功效 ）

猕猴桃是滋补强壮之品，其中的营养物质可明显提高机体活性，促进新陈代谢，协调机体功能，增强免疫力。此果汁有增强免疫力、健脾开胃的功效。

🥤 香蕉椰子牛奶汁

| 原料 |

香蕉2根　　椰子150克　　牛奶200克

| 做法 |

①将香蕉去皮，切块；椰子洗干净，取肉，切成小块。

②将所有材料放入搅拌机内搅打2分钟即可。

（ 营养功效 ）

香蕉含有丰富的镁和食物纤维，不仅能促进血液循环，还有助于提高免疫力；椰子有除烦热、生津止渴的功效。此果汁可提高免疫力、生津止渴。

健脑益智

　　大脑是身体的司令部，指挥和控制着身体的各个部位，在人体中有着举足轻重的作用。人们每天都在用脑，脑力消耗也特别大。

　　补充脑力的方法有很多，最简单的方法就是通过日常生活中的食物去补充大脑营养。俗话说得好，民以食为天，摄取食物是人们每天都要进行的活动。如通过吃来补脑，简单又方便，可谓一举两得。而蔬果汁中就含有能使大脑变聪明的维生素、微量元素、蛋白质等，有利于健脑益智。

　　具有健脑益智功效的水果有：苹果、猕猴桃、葡萄、桑葚、橘子、梨、香蕉、无花果、柠檬、樱桃、桃子、菠萝、橙子、李子等。

　　具有健脑益智功效的蔬菜有：胡萝卜、菠菜、苦瓜、芹菜、莲藕、芥菜、苋菜、茼蒿、黄花菜、丝瓜、南瓜、芦笋、玉米、马蹄等。

苹果猕猴桃蜂蜜汁

| 原料 |

苹果半个　　　猕猴桃1个　　　蜂蜜1小勺

| 做法 |

①将苹果洗净，去皮，去籽，切丁；猕猴桃洗净去皮，切小块。

②将猕猴桃和苹果放入榨汁机榨汁，倒入杯中，加少许蜂蜜拌匀即可。

营养功效

苹果能促进胃肠道中铅、汞、锰的排放，调节机体血糖水平；猕猴桃含有丰富的膳食纤维、维生素C、钙等，有助于脑部活动。经常饮用这款果汁，可健脑益智。

草莓苹果汁

| 原料 |

苹果120克　草莓100克　柠檬70克　白糖7克

| 做法 |

①将草莓洗净，去蒂，切块；苹果、柠檬均洗净，去皮、核，切块。

②将所有原料放入果汁机中搅打成汁，即可饮用。

> **营养功效**
>
> 草莓的营养丰富，有助于保护心脏；苹果中的抗氧化剂有助于降低心脏发病率。此款果汁能起到养心安神、保护心脏的作用。

西瓜柠檬汁

| 原料 |

西瓜150克　苹果1个　柠檬少许

| 做法 |

①将苹果、柠檬洗净，去皮、果核，切块；西瓜洗净，去皮，切成小块。

②所有材料放入榨汁机榨汁即成。

> **营养功效**
>
> 柠檬有生津、润燥、清热、化痰的功效；西瓜有清热解暑、利尿降压的功效；苹果可提神健脑、增强免疫力。此款果汁能健脑益智、抗疲劳、消暑解渴。

葡萄苹果萝卜汁

| 原料 |

苹果1个

葡萄150克

胡萝卜50克

| 做法 |

①苹果洗净，去皮，去籽，切小块；葡萄洗净，去皮，去核，取肉备用；胡萝卜洗净，去皮，切薄片。

②所有原料均入榨汁机中榨汁即可。

> **营养功效**
>
> 葡萄对预防神经衰弱有一定功效；胡萝卜富含胡萝卜素、糖类、钙、磷、钾等营养成分，有提神健脑的作用。长期饮用此款果汁，有健脑益智的功效。

哈密瓜狝猴桃汁

| 原料 |

哈密瓜200克　　　狝猴桃2个

| 做法 |

①将哈密瓜洗净，去皮，切块；狝猴桃洗净去皮，取肉切小块。

②将以上原料一同放入榨汁机中榨汁。

③最后倒入杯中即可饮用。

> **营养功效**
>
> 哈密瓜对人体的造血功能有一定的促进作用，对女性来说是很好的滋补水果；狝猴桃含有的天然肌醇，有助于脑部活动。此款果汁可健脑益智、补血养颜。

芹菜柠檬蜂蜜汁

| 原料 |

芹菜80克　　柠檬1个　　蜂蜜少许

| 做法 |

①将芹菜洗净，切段；将柠檬洗净，去皮切小丁。

②将以上材料放入榨汁机内，榨汁，最后倒入杯中，加入蜂蜜拌匀即可。

营养功效

芹菜有补血健脾、止咳利尿、降压镇静的功效。柠檬富含维生素C、糖类、钙、磷、铁等成分，有健脑、美容的功效。长期饮用此款果汁，能健脑益智。

佛手柑提子柠檬汁

| 原料 |

佛手柑1个　柠檬适量　青提子200克　薄荷叶适量

| 做法 |

①将佛手柑分别去皮、核，取果肉；柠檬洗净，去皮切片；薄荷叶、青提子分别洗净。

②将以上原材料放入榨汁机中榨汁，将果汁倒入杯中，用薄荷叶点缀。

营养功效

佛手柑中含有维生素C和维生素B_3等，对降低人体中血脂和胆固醇有帮助；柠檬可提神健脑。此款果汁适合在暑热天气里饮用，能清热解暑，还能提神醒脑。

胡萝卜蜜汁

原料

胡萝卜200克

蜂蜜适量

做法

①将胡萝卜洗净，去皮，切小丁。

②将胡萝卜和适量冷开水放入榨汁机中榨汁，最后将胡萝卜汁倒入杯中，调入蜂蜜拌匀即可。

营养功效

胡萝卜含有大量的胡萝卜素、糖和钙、磷、铁等营养成分，而胡萝卜素能加快大脑的新陈代谢，提高记忆力。此款果汁有健脑、降低血压的功效。

菠菜葱花汁

原料

菠菜100克

葱花适量

蜂蜜少许

做法

①将菠菜用清水洗净，切成等量小段。

②将葱花与菠菜段一起放入榨汁机中，倒入适量冷开水榨汁，最后倒入杯中加蜂蜜调味。

营养功效

菠菜含有维生素C、胡萝卜素，以及抗氧化剂等物质，抗氧化剂可以抵抗自由基对脑功能的影响，预防阿尔茨海默病。此蔬菜汁不仅能美容养颜，还能健脑益智。

桃子杏仁汁

| 原料 |

桃子1/2个　　　杏仁适量　　　豆奶200克

| 做法 |

①将桃子洗净后去皮，去核，切小块；杏仁洗净。

②将所有材料放入榨汁机内一起搅打成汁，滤出果肉即可。

营养功效

桃子中含有维持细胞活力所必需的钾和钠，有健脑益智的功用；杏仁中镁、钙含量丰富，有健脑益智和养心明目之效。此款果汁具有健脑和益智的功效，尤其适合儿童饮用。

马蹄山药汁

| 原料 |

马蹄80克　　山药50克　　菠萝适量　　蜂蜜少许

| 做法 |

①将马蹄、山药、菠萝洗净，削去外皮，切小块备用。

②将所有材料一起榨汁，最后用蜂蜜调匀即可。

营养功效

经常食用山药可提高人的免疫力，而且山药还有聪耳明目、长志安神等功效。此款果汁具有很好的健脑益智之效，适量饮用有助健康和促进智力。

养胃护胃

胃的健康直接关系到对食物的消化和吸收，也和身体的状况息息相关。当胃部不适的时候，不能吃过酸或过凉的蔬果，也不宜摄入含有刺激性的食物。与此同时，要注意养成良好的生活习惯，建议少吃多餐，每顿饭只吃七分饱。有句话说得好，"早上要吃好，中午要吃饱，晚上要吃少"，只要均衡调节膳食，不暴饮暴食，一定能做到养胃护胃，不伤胃。

在日常生活中，合理选用一些蔬菜水果榨汁饮用，能起到养胃护胃的良好功效。有些蔬果汁不仅能促进消化，还能缓解胃部不适，保护胃壁，增进食欲。

具有养胃护胃功效的水果有：西瓜、葡萄、草莓、猕猴桃、柑橘、杨桃、红枣、菠萝、无花果、樱桃、香蕉、木瓜、苹果、山楂、哈密瓜等。

具有养胃护胃功效的蔬菜有：南瓜、胡萝卜、红薯、西蓝花、白菜、菠菜、马齿苋、丝瓜、芦笋、西红柿、莲藕、土豆、山药、白萝卜等。

胡萝卜木瓜南瓜汁

| 原料 |

胡萝卜500克　木瓜200克　南瓜30克　柠檬少许

| 做法 |

①将胡萝卜洗净，去皮切块；南瓜洗净，去皮切丁；柠檬洗净去皮、核，切块；木瓜洗净，去皮、核，切片。

②将以上材料放入榨汁机中榨汁即可。

营养功效

胡萝卜有助于促进肠道蠕动；木瓜有健胃消食，降压的功效；南瓜可开胃消食。三者一同榨汁，能健胃养胃、降低血压。

苹果草莓蜜汁

原料

苹果1个　　草莓2颗　　胡萝卜50克　　蜂蜜适量

做法

①苹果、胡萝卜均洗净，去皮，切块；草莓洗净，去蒂，切块。

②将以上材料放入榨汁机内搅打，倒入杯中，调入蜂蜜即可。

营养功效

苹果、胡萝卜均有助于促进肠道蠕动；草莓含有大量的糖类、蛋白质、有机酸、果胶等，对胃肠道有调理作用。此果汁有健胃养胃的作用。

西瓜橙子蜂蜜汁

原料

橙子100克　　西瓜200克　　蜂蜜适量

做法

①将橙子洗净去皮，切丁；西瓜洗净，切开，用勺子将西瓜肉挖出，备用。

②将以上原料放入榨汁机中榨汁，滤出果汁，倒入杯中加蜂蜜拌匀即可。

营养功效

橙子含有蛋白质、脂肪、碳水化合物、钙、磷、铁等，能和中开胃，降逆止呕；西瓜有助于清热解毒，促进肠道蠕动。此款果汁有缓解胃部不适等功效。

葡萄茄子汁

| 原料 |

葡萄150克　　茄子半个　　冰糖少许

| 做法 |

①将葡萄洗净，留皮，去籽；茄子洗净，去皮，切薄片。

②将以上材料放入榨汁机中搅打成汁，将果汁过滤后倒入杯中即可。

营养功效

葡萄含氨基酸、蛋白质、碳水化合物、钙、磷、铁等，能预防和治疗神经衰弱、胃痛腹胀等症。此款果汁可养胃护胃。

狝猴桃香蕉汁

| 原料 |

狝猴桃2个　　香蕉半个　　牛奶50克

| 做法 |

①狝猴桃洗净与香蕉均去皮，切成小块。

②将以上原料一起放入榨汁机中搅打成汁，倒入杯中；加入牛奶拌匀即可。

营养功效

狝猴桃有解渴、健胃、通淋的功效；香蕉有预防胃溃疡的功效。狝猴桃与香蕉共榨汁，有健胃、预防胃溃疡的功效。

草莓白萝卜汁

| 原料 |

草莓80克　　猕猴桃少许　　白萝卜半个(30克)

| 做法 |

①将草莓洗净去蒂；猕猴桃洗净去皮，切小块；白萝卜洗净，去皮，切小块。
②将以上所有材料放入榨汁机搅打成汁，过滤果肉后将果汁倒入杯中。

营养功效

草莓中含有有机酸、果胶物质和食物纤维等，有助于促进胃肠道蠕动，通便利尿；白萝卜可开胃消食、化积滞。此款果汁有养胃护胃、通便利尿的功效。

西蓝花菠菜葱白汁

| 原料 |

西蓝花60克　　菠菜60克　　葱白60克　　蜂蜜30克

| 做法 |

①将西蓝花洗净，切小块；菠菜、葱白分别洗净切小段。
②将以上准备好的材料一起放入榨汁机中榨汁，再将榨好的蔬果汁倒入杯中，加蜂蜜拌匀即可。

营养功效

此款果汁可有效缓解胃炎、胃溃疡，具有开胃消食、养胃护胃、增强免疫力等功效。

哈密瓜牛奶汁

| 原料 |

哈密瓜200克　　　牛奶200克　　　柠檬1/2个

| 做法 |

①将哈密瓜洗净，削皮，去籽，切丁；柠檬洗净，切片。
②将所有材料放入榨汁机内，搅打2分钟即可。

营养功效

哈密瓜含有丰富的水溶性维生素C和B族维生素，能健脾养胃、生津止渴、促进正常新陈代谢。此果汁有益气养胃、生津止渴的功效。

沙田柚菠萝汁

| 原料 |

菠萝50克　　　沙田柚100克　　　蜂蜜少许

| 做法 |

①将菠萝去皮，洗净，切块。
②将沙田柚去皮，去籽，切块。
③将准备好的材料搅打成汁，加蜂蜜拌匀即可。

营养功效

菠萝中含有一种叫"菠萝朊酶"的物质，它能分解蛋白质，在食用肉类或油腻食物后，可促进食物的消化。此果汁可健胃消食、美容护肤。

🥤 蜂蜜杨桃汁

| 原料 |

杨桃1个

蜂蜜少许

| 做法 |

①将杨桃洗净，切成小块，再放入榨汁机中。

②倒入冷开水和蜂蜜，搅打成果汁即可饮用。

营养功效

杨桃中含有大量草酸、柠檬酸、苹果酸等，能提高胃液的酸度，促进食物的消化而达中消食之效。此果汁有健脾开胃、清热生津的功效。

🥤 菠萝木瓜苹果汁

| 原料 |

菠萝30克

木瓜30克

苹果30克

柳橙汁少许

| 做法 |

①将菠萝去皮，洗净，切小块；苹果洗净去皮，去籽，切小块；木瓜洗净，去皮，去籽，切小块。

②以上材料入榨汁机搅打均匀即成。

营养功效

苹果有益心气、消食化积、解酒毒之功效，对消化不良、气壅不通有一定缓解作用；木瓜对胃痛、消化不良等有较好的食疗作用。此款果汁可健脾益气、养胃。

养心护心

心脏是循环系统中的动力源，能推动血液流动，向器官、组织提供充足的血流量，供应氧和各种营养物质，使细胞维持正常的代谢和功能。护心不仅要护心脏本身，还要护好心神、心气。

日常生活中，可以通过食用一些具有养心功效的蔬菜和水果来保心脏、养心神、护心气。

红色的食物最能养心气，如苹果、草莓、西红柿等，每天结合自己的体质，饮用一杯蔬果汁，能保护心脏，改善心脏活力。

能起到养心护心作用的水果有：苹果、草莓、西瓜、山楂、猕猴桃、菠萝、桃子等。

能起到养心护心作用的蔬菜有：西红柿、红薯、芦笋、冬瓜、胡萝卜、莲藕等。

以下为大家介绍的这些蔬果汁，可以很好地起到养心护心的作用。

苹果菠萝牛奶汁

| 原料 |

苹果1个　　菠萝300克　　桃子1个　　牛奶少许

| 做法 |

①将苹果、菠萝、桃子去皮洗净；桃子及苹果去核，均切小块。

②将以上材料放入榨汁机内，榨成汁；最后倒入适量牛奶搅拌均匀即可。

营养功效

苹果中的抗氧化剂能缓解动脉硬化，从而降低心脏发病的危险性；菠萝含有一种酵素，有抑制血液块形成的功效。此果汁可养心护心。

西瓜柠檬蜂蜜汁

| 原料 |

西瓜200克　　柠檬适量　　蜂蜜少许

| 做法 |

①将西瓜洗净，去皮，去籽，切小块；柠檬洗净后，切薄片，去皮。

②将以上原料放入果汁机中混合榨汁，将果汁倒入杯中，加少许蜂蜜拌匀。

营养功效

西瓜富含葡萄糖、果糖、谷氨酸等，能有效地保护心脏；柠檬富含维生素C和维生素P，能增强血管弹性和韧性。此款果汁对保护心脏有一定作用。

 芦笋牛奶汁

| 原料 |

芦笋300克　　牛奶200克

| 做法 |

①将芦笋洗净，切小段，放入榨汁机中榨汁，将芦笋汁倒入杯中。

②再加入牛奶调匀即可。

营养功效

芦笋含有丰富的蛋白质、维生素、矿物质等成分，对缓解心血管疾病有一定疗效。经常食用芦笋，对心脏病、高血压、心律不齐、水肿等病症有一定的食疗作用。

胡萝卜红薯汁

| 原料 |

胡萝卜70克　　红薯1个　　蜂蜜1小勺

| 做法 |

①将红薯洗净，去皮，煮熟；胡萝卜洗净，带皮使用，均切小块。

②将所有材料放入榨汁机一起搅打成汁，滤出果肉，加入蜂蜜即可。

营养功效

红薯所含有的钾有助于人体细胞液体和电解质平衡，维持正常血压和心脏功能。红薯与胡萝卜榨汁，有明目养肝、保护心脏、平缓血压的功效。

草莓木瓜汁

| 原料 |

草莓5颗　　木瓜200克　　香瓜200克

| 做法 |

①草莓洗净，去蒂切小块；木瓜及香瓜洗净后均去皮，去籽，切小块。

②将草莓、木瓜与适量冷开水一起放入榨汁机中榨成汁即可。

营养功效

香瓜含有芳香物质、矿物质、糖分、维生素C等，经常食用有利于心脏、肝脏以及肠道系统活动，促进内分泌和造血功能。此款果汁可保护心脏，预防心脏病。

獼猴桃椰子汁

| 原料 |

獼猴桃1个　椰子100克　蜂蜜少许

| 做法 |

①獼猴桃洗净，去皮，对切，挖出果肉；椰子对半切开，取果肉，切小块。

②将处理好的獼猴桃和椰子放入榨汁机内榨汁。

③最后加少许蜂蜜拌匀即可饮用。

营养功效

獼猴桃富含精氨酸，能有效地改善血液流动，预防血栓形成。椰子含有丰富的膳食纤维、钾、钠、钙、镁、铁等，能有效降低胆固醇，利尿生津，预防心脏病。此款果汁能保护人体心脏。

山楂草莓汁

| 原料 |

山楂50克

草莓40克

| 做法 |

①山楂洗净，去皮，去核；草莓洗净，去蒂，切块。

②把草莓、山楂、冷开水放入榨汁机内搅打成汁。

营养功效

山楂富含不饱和脂肪酸、黄酮类化合物等成分，可以养护心脏；草莓富含柠檬酸、苹果酸、苯酚等成分，可降低心脏的发病率。长期饮用此款果汁，能预防心脏病。

莲藕柠檬汁

| 原料 |

苹果1个

莲藕150克

柠檬1/2个

| 做法 |

①将莲藕洗干净，切成小块；将苹果洗干净，去掉外皮，切成小块；将柠檬洗净，切成小片。

②将以上材料放入榨汁机内榨汁即可。

营养功效

莲藕中含有丰富的单宁酸和维生素等成分，具有除烦解渴和补心养血之效。此款果汁有养心护心、安神之效，对心脏病患者尤其有益。

桑葚青梅杨桃汁

| 原料 |

桑葚80克　　　青梅40克　　　杨桃5克

| 做法 |

①将桑葚洗净；青梅洗净，去皮、核。
②杨桃洗净后切块。
③将所有原材料放入果汁机中搅打成汁，加入冰块即可。

营养功效

桑葚富含蛋白质，多种人体必需的氨基酸，很容易被人体吸收的果糖和葡萄糖，对心脑血管有保护作用。此果汁可养心安神、美容嫩肤。

西红柿芹菜叶汁

| 原料 |

西红柿2个　　　芹菜叶20克

| 做法 |

①将西红柿洗净，去皮，切成小块。
②将芹菜叶洗净，切成等量小段。
③将两者一起放入榨汁机榨汁即可。

营养功效

西红柿含有膳食纤维、胡萝卜素、维生素C等，有养胃、增强抵抗力的功效；芹菜有养胃、护心的功效。长期饮用此款果汁，有保护心脏的功效。

润肺止咳

咳嗽是呼吸道疾病常见的症状。肺主气，吸入新鲜空气，呼出二氧化碳，维持人的正常生命活动。润肺止咳是指用养阴润肺治疗阴虚咳嗽。如果咽喉感到不适，会产生口渴感。在暑热天气里容易引发焦虑、烦躁的情绪，有时也会引发咳嗽症状。因此，我们一定要注意做好润肺止咳的保养工作。

在日常生活中多注意选择饮用合适的蔬果汁，对润肺止咳能起到良好的效果。

能起到润肺止咳作用的水果有：西瓜、梨、柑橘、柚子、橙子、苹果、樱桃、桃子、牛油果、火龙果、杨梅等。

能起到润肺止咳作用的蔬菜有：冬瓜、苦瓜、黄瓜、丝瓜、莲藕、竹笋、白萝卜、西蓝花、花菜、芦笋、西葫芦、包菜等。

橘子橙子苹果汁

|原料|

橙子1个　　橘子2个　　苹果1/4个　　陈皮少许

|做法|

①苹果洗净，去核，切块；橙子洗净去皮，切小块；橘子去皮，取橘瓣；陈皮洗净浸泡至软，切粒。

②将以上材料入榨汁机搅打成汁即可。

营养功效

橘子有降低人体胆固醇、降血压、扩张心脏的冠状动脉、润肺止咳的功效；橙子有温胃、助消化等功效；陈皮有助于润肺止咳。此款果汁有润肺止咳、养胃护胃的功效。

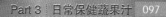 清爽西瓜汁

原料

西瓜200克　　　　薄荷叶适量

做法

①将西瓜洗净去皮，去籽，切大小适当的块；薄荷叶洗净切碎。

②以上材料均放入榨汁机内搅打成汁，滤出果肉即可。

营养功效

西瓜有清热解暑、利小便、降血压的功效，对高热口渴、暑热多汗、肾炎尿少、高血压等有一定的辅助疗效。此款果汁能清热解暑、润肺、止烦渴。

包菜香蕉汁

原料

包菜150克　　香蕉1根　　蜂蜜适量

做法

①包菜洗净，切片；香蕉去皮，切块。

②将包菜放入榨汁机中，用挤压棒压榨出汁；将果汁倒入搅拌机中，再加入蜂蜜、香蕉搅匀即可。

营养功效

包菜具有清热止痛、促进食欲之效，对于因咳嗽引起的睡眠不佳等不适症状有一定辅助功效。此款果汁有润肺和缓解咳嗽之效，适合肺部不适和咳嗽患者经常饮用。

西瓜桃子蜂蜜汁

原料

西瓜100克　　桃子1个　　蜂蜜适量　　柠檬适量

做法

①将西瓜、柠檬分别洗净去皮、去籽，切块；桃子洗净去皮、去核。

②将以上水果与冷开水一起放入榨汁机中，榨成果汁。最后加蜂蜜拌匀即可。

营养功效

西瓜能清热解暑、润肺止咳；桃子含有蛋白质、脂肪、钙、磷、铁等，有生津解渴、润肺止咳的功效。此款果汁能滋阴润肺，消痰止咳。

🥤 橙子雪梨汁

| 原料 |

橙子1个

梨1个

| 做法 |

①将橙子洗净去皮、核，取肉放入榨汁机中；将梨洗净去皮、核，切成均匀小块，放入榨汁机中。

②榨取汁液，倒入杯中饮用。

> **营养功效**
>
> 橙子有生津止渴、疏肝理气、通乳、消食开胃的功效；梨能促进食欲，帮助消化，并有利尿通便、解热、润肺止咳的作用。此款果汁可润肺化痰，消炎止咳。

🥤 白萝卜蔬菜汁

| 原料 |

白萝卜50克

黄瓜1根

芹菜50克

| 做法 |

①将白萝卜洗净，去皮，切丝；芹菜洗净，切段；黄瓜洗净去皮，切块。

②将所有材料一起倒入榨汁机中，加冷开水搅打成汁即可。

> **营养功效**
>
> 白萝卜有下气、消食、除疾润肺、解毒生津、利尿通便的功效；芹菜可清热除烦、利水消肿。此款果汁有润肺止咳、解毒生津、利水消肿的功效。

保肝护肾

　　肝肾是五脏六腑之根，承担着维持身体机能正常运转的重要使命，与健康息息相关，日常生活中的合理饮食，以及良好的生活习惯，都能对肝脏和肾脏起到良好的保健作用。但是，随着年龄的增长，人体器官的功能也在慢慢地衰退，如果不及时调理，有可能会恶化肝肾功能。所以，在平时生活中，我们要注意养成保护肝肾的饮食习惯，这样才有利于身体健康。

　　除了平日正常三餐的饮食，我们还可以选择用蔬菜和水果搭配而成的蔬果汁来补充营养，为肝肾提供能量，只要选对了蔬菜水果，我们一样可以喝出健康。

　　具有保肝护肾功效的水果有：木瓜、菠萝、苹果、桑葚、柠檬、樱桃、橙子、山楂、葡萄、猕猴桃、牛油果、橘子、石榴、葡萄柚等。

　　具有保肝护肾功效的蔬菜有：黄瓜、南瓜、冬瓜、苦瓜、西红柿、西蓝花、胡萝卜、白菜、包菜、洋葱、红薯、空心菜、芦笋、土豆、玉米、山药等。

木瓜菠萝汁

| 原料 |

木瓜半个　　菠萝60克　　柠檬适量

| 做法 |

①将木瓜、菠萝、柠檬分别用清水洗净，去皮、核，切成适量大小的块。

②将木瓜、柠檬和菠萝放入榨汁机一起搅打成汁即可。

营养功效

木瓜含有番木瓜碱、木瓜蛋白酶、木瓜凝乳酶、蛋白质、胡萝卜素等营养成分，有养肝明目、舒筋活络的功效。长期饮用此款果汁能平肝和胃，促进消化。

葡萄柚汁

| 原料 |

葡萄柚2个

| 做法 |

①将葡萄柚用清水洗净，再对半切开，去皮。

②将葡萄柚放入榨汁机中，榨取汁液，将汁倒入杯中即可。

（ 营养功效 ）

葡萄柚中富含钾元素，却几乎不含钠元素，对心脏病能起到很好的辅助食疗作用。长期饮用此款果汁，有助于改善体质，降低患癌症的概率，保护肝脏。

爽口柳橙西瓜汁

| 原料 |

柳橙2个　　　西瓜150克　　　糖水30克

| 做法 |

①柳橙洗净，切开，去皮备用。

②西瓜洗净，去皮、籽，切成块。

③将柳橙和西瓜放入榨汁机榨汁，最后滤渣取汁倒入糖水搅匀即可。

（ 营养功效 ）

柳橙可美容养颜；西瓜有清热解毒、除烦止渴、利尿的功效，是天然养肝食物，西瓜水分充盈，有利于排除水分。此款蔬果汁可保肝护肾、养颜护肤。

黄瓜芹菜汁

| 原料 |

黄瓜300克　芹菜30克　白糖少许　柠檬少许

| 做法 |

①黄瓜洗净，去蒂，切块备用；芹菜洗净切小丁；柠檬洗净去皮、核，切块。

②将上述材料放入榨汁机内榨汁，再兑入白糖拌匀即可。

> **营养功效**
>
> 黄瓜有清热利水、解毒消肿、生津止渴的功效；柠檬汁含有蛋白质、脂肪、钙、磷、铁等物质，对肝脏有修复能力。此款蔬果汁，有保肝护肾、解毒消肿的功效。

桃子菠萝汁

| 原料 |

柠檬适量　　桃子2个　　菠萝300克

| 做法 |

①将桃子洗净，去核，切块；菠萝、柠檬去皮，洗净，切小块。

②将上述材料倒入榨汁机榨汁即可。

> **营养功效**
>
> 柠檬汁中含有大量柠檬酸盐，能够抑制钙盐结晶，从而阻止肾结石形成。此款果汁可保肝护肾、利水消肿。

🥤 菠萝柠檬汁

| 原料 |

芒果30克　　菠萝200克　　柠檬50克

| 做法 |

①菠萝去皮，洗净，切成块；柠檬、芒果分别洗净取肉，切块。
②把以上材料同入榨汁机内榨汁，即可。

营养功效

常食菠萝对降低血压有益。此外菠萝中含维生素A原、B维生素、钙、磷、钾、脂肪、蛋白质等营养成分，对人体十分有益。此款果汁有保护肝脏，保护视力的功效。

🥤 芒果柠檬蜜汁

| 原料 |

芒果2个　　柠檬少许　　蜂蜜少许

| 做法 |

①将芒果、柠檬分别用清水洗净，去皮、去核，切成等份小块。
②将所有材料一起放入榨汁机榨汁；最后调入适量蜂蜜拌匀。

营养功效

此款果汁含维生素A原、维生素C、膳食纤维、蛋白质、脂肪等营养成分，长期饮用，能保肝护肾、明目增视。

胡萝卜西红柿汁

| 原料 |

胡萝卜80克

西红柿1/2个

橙子1个

| 做法 |

①将西红柿洗净，切成块；胡萝卜洗净，切成片；橙子剥皮，备用。

②将西红柿、胡萝卜、橙子放入榨汁机里榨出汁即可。

营养功效

西红柿中的番茄红素有强力抗氧化作用，能降低血浆胆固醇浓度，有降压利尿、凉血平肝的功效。此果汁有保护肝肾、清热利尿的功效。

胡萝卜芹菜汁

| 原料 |

胡萝卜300克

芹菜50克

青苹果1个

| 做法 |

①将胡萝卜洗净，去皮，切块；芹菜连叶洗净；青苹果洗净，去皮，切小块。

②将胡萝卜、芹菜、青苹果放入榨汁机中搅打成汁，最后过滤倒入杯中即可。

营养功效

芹菜中含多种氨基酸、挥发油、水芹素等营养成分，具有保护肝脏的作用；胡萝卜有增强抵抗力、降糖降脂的功效。此果汁可保护肝肾、增强抵抗力。

佛手柑圣女果汁

| 原料 |

圣女果400克

佛手柑1个

柠檬1个

| 做法 |

①圣女果洗净，切丁；佛手柑洗净，去皮、核，切块；柠檬洗净，切成片。

②将所有的材料放入榨汁机内榨汁，最后过滤果汁倒入杯中即可。

◀ 营养功效 ▶

圣女果具有降压、利尿、凉血平肝的功效；佛手柑具有保护肝脏的作用。此果汁有保肝护肾、降低血压的功效。

黄瓜柠檬汁

| 原料 |

黄瓜200克

柠檬1/2个

| 做法 |

①黄瓜洗净去皮，切成小块。

②柠檬洗净，去皮，切半，榨汁。

③用榨汁机挤压出黄瓜汁，再加柠檬汁和冷开水即可。

◀ 营养功效 ▶

柠檬中的柠檬酸有收缩、增固毛细血管的作用，可加速凝血，对多种肝病有很好的预防作用。此果汁可保护肝肾、美容养颜。

降火祛火

暑热天气受热烦躁、工作压力过大、饮食紊乱等，都有可能引起上火。

中医认为，上火可分为以下几种：心火，如心悸失眠、心烦；肝火，如烦躁、失眠、乳房胀痛；肺火，如咯血、咳嗽、黄痰；胃火，如胃疼、大便干、口臭；肾火，如耳鸣、脱发、寝食难安。这些上火现象都极为普遍，要注意调理方法。

在日常生活中，多吃些清淡、清凉的蔬菜和水果，就能起到降火祛火的效果，而将这些蔬菜和果汁混合在一起，制成美味可口的蔬果汁，也是非常好的选择。

能起到降火祛火作用的水果有：西瓜、梨、苹果、葡萄、菠萝、杨桃等。

能起到降火祛火作用的蔬菜有：苦瓜、芹菜、黄瓜、丝瓜、西红柿、竹笋、白菜、胡萝卜等。

苹果蓝莓柠檬汁

原料

苹果1/2个　　蓝莓70克　　柠檬30克

做法

①苹果洗净，带皮切小块；柠檬洗净，去皮、核，切块；蓝莓洗净。

②再把蓝莓、苹果、柠檬和冷开水放入果汁机内，搅打均匀即可。

营养功效

苹果有降低胆固醇、清火的功效。蓝莓富含果胶、维生素C，有消除体内炎症、延缓脑神经衰老，增强记忆力的功效。此款果汁，有消炎、降火、养颜的功效。

🥤 西红柿香菜汁

| 原料 |

西红柿400克　　香菜少许　　冰糖少许

| 做法 |

①西红柿洗净，切丁；香菜洗净。
②将西红柿、香菜、冰糖放入榨汁机内，搅拌2分钟即可。

营养功效

西红柿能平肝降火、养阴凉血、健胃消食；香菜含有钙、磷、铁、蛋白质等营养成分，有清热解毒、开胃消食的功效。香菜、西红柿合榨为汁，有清热解毒、降火的作用。

🥤 西瓜香蕉苹果汁

| 原料 |

西瓜70克　　香蕉1根　　苹果半个　　蜂蜜30克

| 做法 |

①西瓜洗净去皮、去籽，切块；香蕉去皮后切小块；苹果去皮洗净，切小块。
②将上述材料放入搅拌机，高速搅打，最后加入蜂蜜拌匀。

营养功效

西瓜能清热解暑，除烦止渴；香蕉含有糖、钾、维生素A原等营养成分，有清热解毒、润肠的功效。长期饮用此款果汁能有效降火祛火。

菠萝苹果橙子汁

| 原料 |

橙子2个　　菠萝200克　　苹果1个

| 做法 |

①菠萝洗净，去皮，切块；苹果洗净，切块；橙子去皮，去籽，切块。

②将橙子、菠萝、苹果同时放入榨汁机里，压榨出果汁即可。

营养功效

苹果有润肺止咳、解暑除烦、补中益气的功效。苹果与菠萝、橙子共榨汁，有美容养颜、润肺止咳、降火祛火的功效。

杨桃柳橙蜜汁

| 原料 |

杨桃1个　　柳橙2个　　蜂蜜适量

| 做法 |

①将杨桃洗净，切块；柳橙洗净，去皮，切块，备用。

②将杨桃和柳橙倒入榨汁机中榨汁，过滤果肉后，将果汁倒入杯中，加蜂蜜调匀即可。

营养功效

杨桃有增强机体抗病能力、促进食物消化、清热解毒的功效。杨桃与柳橙合榨为汁，有清热解毒、增强抵抗力的作用。

西蓝花青苹果猕猴桃汁

原料

西蓝花50克

青苹果1个

猕猴桃1个

做法

①将西蓝花洗净，切成小块；青苹果洗净切丁；猕猴桃洗净去皮，挖出果肉。

②将所有原料放入榨汁机中榨成汁。

③最后将榨好的汁倒入杯中即可。

营养功效

西蓝花可防癌抗癌、解毒降火；猕猴桃有清热止渴、和胃降逆的功效；青苹果可开胃消食、增强免疫力。三者合榨成汁，可清热降火、生津止渴。

莴笋西芹蔬果汁

原料

莴笋80克　西芹70克　哈密瓜50克　猕猴桃半个

做法

①莴笋洗净，去皮切段；西芹洗净，切段；将哈密瓜洗净去皮，切小块；猕猴桃洗净去皮，切块。

②将所有材料放入榨汁机内，搅打2分钟即可。

营养功效

西芹有降压、消脂的功效；哈密瓜能缓解疲劳；猕猴桃能生津解热、滋补强身。本品能清热解毒、降火祛火、增强免疫力。

提子苹果蜂蜜汁

| 原料 |

青苹果1个

青提子150克

蜂蜜5克

| 做法 |

①将青苹果、青提子分别洗净，去皮、籽，再一起倒入榨汁机中，加适量冷开水榨汁。

②最后加入蜂蜜拌匀即可。

营养功效

青苹果酸甜可口，有增强免疫力、降火、开胃的作用；青提子有滋阴益血、降压、开胃、清热解毒的功效。此款果汁可起到降火祛火的作用。

香蕉梨汁

| 原料 |

梨1个

香蕉半根

| 做法 |

①将梨洗净，切块；香蕉剥皮后，切块备用。

②将梨和香蕉一同入榨汁机榨汁即可。

营养功效

梨有生津止渴、止咳化痰、清热降火、养血生肌、润肺去燥等功能；香蕉含有丰富的蛋白质、糖、钾、维生素A原等，有润肠通便、清热解毒的功效。此款果汁能清热降火。

香瓜苹果汁

| 原料 |

香瓜60克

苹果1个

| 做法 |

①香瓜洗净，对切开，去籽，削皮，切成小块；苹果洗净，去皮去核，切块。

②将准备好的材料倒入榨汁机内榨成汁即可。

| 营养功效 |

香瓜具有除烦止渴以及缓解暑热的功效；苹果味道酸甜，还能够安眠养神和祛除燥热、烦渴。此款果汁具有降火祛火、清热解暑的功效，十分适宜在盛夏季节饮用。

包菜胡萝卜汁

| 原料 |

胡萝卜1/2根

柠檬10克

包菜适量

| 做法 |

①将包菜洗净，切成4~6等份；胡萝卜洗净，切成细长条；柠檬洗净，去皮、核，切块。

②将上述材料放入榨汁机榨汁即可。

| 营养功效 |

胡萝卜营养丰富，有清热解毒等多方面的保健功能；包菜具有清热止痛和降躁除烦功效。此款果汁可降火祛火，尤其适合心火旺盛以及容易烦热上火者经常饮用。

防治脱发

　　每个人都想拥有既健康自然，又乌黑秀美的头发，因为头发的健康直接关系到个人的形象，对提升气质也有重大帮助。只是，在现代社会中，由于人们面临来自各方面的压力，再加上身体功能衰弱、饮食不规律，导致出现严重的脱发现象，也致使脱发问题成了一个严峻的现实问题。

　　平日多摄入绿色蔬菜、蔬果汁、豆制品、谷物类食品等，对防治脱发能起到一定作用。坚持每天饮用蔬果汁，适当调整生活作息，适度缓解压力，能在一定程度上减少脱发。

　　可防治脱发的水果有：猕猴桃、葡萄、香蕉、柑橘、苹果、石榴、红枣、西瓜、山竹等。

　　可防治脱发的蔬菜有：芹菜、菠菜、红薯、海带、西蓝花、西红柿、山药、茄子、冬瓜等。

柳橙香蕉李子汁

| 原料 |

李子1个　　　　柳橙1个　　　　香蕉1根

| 做法 |

①将柳橙洗净，去皮；香蕉去皮；李子洗净，去皮、核，切开取果肉。

②将柳橙、李子肉、香蕉一起放入榨汁机中榨汁，搅匀即可。

营养功效

柳橙有改善睡眠品质，美容养颜的功效；香蕉富含钾、蛋白质、纤维素等营养成分，有增强免疫力、预防脱发的功效。常饮用此款果汁，能改善脱发等症。

香蕉牛奶汁

| 原料 |

香蕉1根

牛奶50克

| 做法 |

①将香蕉去皮，切成段，备用。

②将香蕉与牛奶一起放入榨汁机中，搅打成汁，最后倒入杯中即可。

营养功效

香蕉富含钾、蛋白质、纤维素等，可增强免疫力；牛奶含有高级脂肪、蛋白质，特别是含有较多B族维生素，能滋润肌肤，保护表皮、防裂，使头发乌黑、减少脱发，还可起到护肤美容作用。

橘子马蹄汁

| 原料 |

马蹄50克

橘子250克

豆浆200克

| 做法 |

①将马蹄洗净去皮取肉；橘子洗净去除皮、籽。

②将豆浆、橘子、马蹄一起倒入榨汁机中榨汁，再倒入杯中即可饮用。

营养功效

豆浆含丰富的植物蛋白化、磷脂、维生素B_1、维生素B_2、维生素B_3和铁、钙等营养成分，有助于维持皮肤和头发的健康。此款果汁可防治脱发，维护头发健康。

葡萄石榴汁

原料

石榴2个

葡萄15颗

葡萄酒50克

做法

①将石榴剥开，取果肉；将葡萄洗净，去皮、去籽。

②将石榴与葡萄、适量冷开水倒入榨汁机中榨汁，最后加葡萄酒拌匀。

营养功效

葡萄有舒筋活血、开胃健脾、助消化的功效；葡萄酒能够有效地调解神经中枢、舒筋活血，预防脱发。常饮用此果汁，能改善脱发症状。

芦笋洋葱汁

原料

芦笋50克　　洋葱15克　　茄子半个　　白糖适量

做法

①将芦笋洗净后切丁，放入开水中焯熟捞起；洋葱洗净，切丁；茄子洗净切块。

②将所有材料倒入榨汁机内，加冷开水，搅打成汁即可。

营养功效

芦笋具备食用、药用、美容等多种功效，尤其具有独特的预防脱发的作用；洋葱中含有半胱氨酸，能延缓衰老，预防脱发。此款果汁对于脱发有很好的食疗功效。

西红柿胡萝卜菠菜汁

菠菜50克 西红柿半个 胡萝卜80克 芹菜叶少许

|做法|

①将西红柿洗净，切块；胡萝卜洗净，切片；菠菜洗净，切段；芹菜叶洗净备用。

②将西红柿、菠菜、胡萝卜一起放入榨汁机中榨汁，点缀芹菜叶即可。

营养功效

西红柿有保护皮肤，防脱发的功效。胡萝卜含有丰富的胡萝卜素、维生素C和B族维生素，有增强抵抗力的功效。常饮用此款果汁，能预防头发脱落。

通便利尿

当今社会，便秘、小便不利等病症的发病率越来越高，这其中除了患者自身身体状况的原因，跟工作压力、饮食习惯等也有着密切关系。对于此类病症，最为健康的方法莫过于日常食疗。

蔬果汁是以新鲜的蔬菜和水果为主要原料，经过洗净、切碎、压榨而获取的汁液，主要含有矿物质、维生素、蛋白质、胡萝卜素、纤维素等营养成分。常喝蔬果汁，不仅有助于促进胃肠蠕动，排出体内的毒素，而且还美容养颜。

具有通便利尿作用的水果有：苹果、西瓜、草莓、柠檬、橘子、樱桃、橙子、菠萝、芒果等。

具有通便利尿作用的蔬菜有：西红柿、冬瓜、丝瓜、小白菜、竹笋、菠菜、白萝卜、白菜、红薯等。

西瓜苹果姜汁

|原料|

西瓜200克

苹果2个

生姜2片

|做法|

①将西瓜洗净切开，挖出果肉；苹果洗净去皮，切块；生姜洗净，去皮切粒。

②将以上原材料均放入榨汁机中榨汁。

③最后倒入杯中即可饮用。

营养功效

西瓜含水量高达96.6%，具有开胃助消化、解渴生津、利尿祛暑、降血压、滋补身体的功效。夏天常饮此款果汁，能通便利尿。

苹果菠萝桃子汁

原料

 苹果1个　 菠萝300克　 桃子1个

做法

①将苹果洗净，去皮切块；菠萝去皮，洗净切成块；桃子洗净，去核，切块。
②将所有的原材料放入榨汁机内榨成汁即可。

> **营养功效**
>
> 苹果有助于促进肠道蠕动；菠萝含有碳水化合物、钙、磷、维生素等营养成分，有润肠通便、清暑解渴的功效。此款果汁能通便利尿。

芒果人参果汁

原料

 芒果1个　 人参果1个

做法

①芒果与人参果洗净，去皮、籽，切块，放入榨汁机中榨汁。
②加入冷开水搅匀即可。

> **营养功效**
>
> 芒果中含有大量的纤维素，可以促进排便，防治便秘。人参果含有大量的维生素、蛋白质等营养成分，可增强活力。常饮此款果汁，能润肠通便，提神健脑。

橘子菠萝陈皮汁

| 原料 |

橘子1个

菠萝50克

陈皮2克

| 做法 |

①橘子去皮，掰开成瓣，洗净；菠萝去皮，洗净，切块；陈皮泡发洗净切条。

②将所有材料放入榨汁机一起搅打成汁，滤出果肉即可。

营养功效

橘子可通便、降低胆固醇、消除疲劳；菠萝含有丰富的果糖、葡萄糖、氨基酸、酶等营养物质，有利尿、消肿的功效。经常饮用此款果汁，能利尿通便。

清凉西瓜薄荷汁

| 原料 |

西瓜200克

圣女果4个

薄荷叶适量

| 做法 |

①把西瓜洗净，切块状，去皮。

②薄荷叶用水洗净；圣女果洗净切成小块。

③把西瓜与圣女果、薄荷叶放入果汁机中，搅打均匀即可。

营养功效

西瓜中瓜氨酸和精氨酸能增进大鼠肝中尿素的形成而导致利尿；圣女果含有丰富的膳食纤维，有助于促进肠道蠕动，缓解便秘。此款果汁可开胃消食、通便利尿。

胡萝卜西瓜优酪乳

| 原料 |

胡萝卜200克

西瓜200克

优酪乳适量

| 做法 |

①胡萝卜洗净，去皮，切丁；西瓜洗净去皮，切块。

②将所有原料倒入榨汁机内榨汁即可。

> **营养功效**
>
> 胡萝卜中含有丰富的维生素，可促进肠胃蠕动，有通便之效；优乳酪和西瓜都具有很好的排便和利尿之效。此款果汁具有十分好的通便利尿之效，可缓解便秘，尤其适合在夏天饮用。

苹果草莓胡萝卜汁

| 原料 |

苹果1个

草莓2颗

胡萝卜50克

| 做法 |

①苹果洗净，去皮、籽、核，切块；草莓洗净去蒂，切块；胡萝卜洗净，切块。

②将所有材料放入榨汁机内榨汁，倒入杯中即可。

> **营养功效**
>
> 苹果可顺气消食、促进排便；草莓可利尿消肿、解热祛暑。此款果汁味道可口，有良好的通便和利尿功效。

抗辐射

日常生活中，手机、电脑、种类繁多的家用电器等，都是人们遭受辐射的来源，严重影响着我们的身体健康。

研究证明，辐射会使人体器官提前衰老，甚至引起病变。平日多食用高蛋白、抗氧化的食物，对保护自身免受辐射侵扰有着积极的作用。

蔬果汁中富含抗氧化剂、维生素等营养成分，能够延缓衰老。

能起到抗辐射作用的水果有：沙田柚、香蕉、橙子、柠檬、火龙果、苹果、西瓜、猕猴桃、樱桃等。

能起到抗辐射作用的蔬菜有：西红柿、黄瓜、菠菜、西蓝花、冬瓜、胡萝卜、洋葱等。

沙田柚柠檬汁

| 原料 |

柠檬适量　　　沙田柚500克　　　白糖适量

| 做法 |

①将沙田柚的厚皮去掉，再去除内皮和籽，切成大小适当的块；柠檬洗净取肉，切块。

②将柚子、柠檬、白糖放入榨汁机榨汁即可。

营养功效

沙田柚性寒、味甘，有止咳平喘、健脾消食的作用；柠檬有抵抗辐射、增强免疫力的功效。此款果汁可抗辐射、抵抗疲劳，尤其适合上班族饮用。

🥤 柠檬柳橙汁

| 原料 |

柠檬1个

柳橙1个

| 做法 |

①将柠檬洗净，去皮、核，切块；柳橙洗净，去皮后取出籽，切成可放入榨汁机大小的块。

②将柠檬、柳橙放入榨汁机中，搅打成汁即可。

营养功效

柠檬含有丰富的维生素C，能抗辐射；柳橙有抗氧化、防辐射的功效。此款果汁可抗辐射、消暑热。

🥤 美味柳橙香瓜汁

| 原料 |

柳橙1个

香瓜1个

| 做法 |

①柳橙、香瓜均洗净去皮，切块。

②将柳橙、香瓜放入榨汁机榨成汁。可向果汁中加少许冰块。

营养功效

香瓜含有苹果酸、葡萄糖、氨基酸、甜菜茄、维生素C等营养成分；柳橙能够抗氧化，强化免疫系统，抑制肿瘤细胞生长。此款果汁可抗辐射、抗衰老。

胡萝卜南瓜苹果汁

| 原料 |

胡萝卜250克

南瓜60克

青苹果50克

| 做法 |

①南瓜洗净去皮，切块蒸熟；胡萝卜、青苹果分别洗净，去皮，切小丁。

②将所有材料放入榨汁机中榨汁，最后过滤果肉，将蔬果汁倒入杯中。

营养功效

长期食用胡萝卜，能使人体少受辐射的损害。胡萝卜、南瓜、青苹果一同榨汁，不仅味美可口，还能抗辐射。

樱桃蜂蜜汁

| 原料 |

樱桃8颗

蜂蜜适量

| 做法 |

①樱桃洗净去核。

②将以上原料放入榨汁机中，再加入冷开水榨汁即可。

营养功效

樱桃含铁量高，铁是合成人体血红蛋白、肌红蛋白的原料，在人体免疫、蛋白质合成及能量代谢等过程中，发挥着重要的作用。经常食用樱桃蜂蜜汁，能增强人体免疫力、抗辐射。

红糖西瓜蜂蜜饮

| 原料 |

柳橙100克　　西瓜200克　　蜂蜜适量　　红糖少许

| 做法 |

①将柳橙洗净，去皮切片；西瓜洗净，去皮去籽，取肉。

②将柳橙和西瓜放入榨汁机中榨汁，最后倒出果汁，加少许蜂蜜和红糖拌匀。

营养功效

蜂蜜含有维生素B，及铁、钙、钾等成分，有延年益寿、抗辐射的功效；西瓜含水分、氨基酸、糖等成分，可清暑解热。此款果汁，能延缓衰老、抗辐射。

西红柿苹果醋汁

| 原料 |

西红柿1个　　西芹15克　　苹果醋1大勺

| 做法 |

①将西红柿洗净去皮并切块；西芹撕去老皮，洗净并切成小块。

②将所有原料放入榨汁机一起搅打成汁，滤出果肉即可。

营养功效

西红柿有助消化，提高免疫力、防辐射的功效；苹果醋有美容养颜、消除疲劳的作用。常饮用此款果汁，可抗辐射、增强免疫力。

水果西蓝花汁

| 原料 |

猕猴桃1个

西蓝花80克

菠萝50克

| 做法 |

①将猕猴桃及菠萝分别去皮，洗净切块；西蓝花洗净，焯水后切小朵备用。
②再将全部材料放入榨汁机中榨汁即可。

营养功效

西蓝花是含有类黄酮最多的食物之一，可以防止感染，提高免疫力，同时还具备良好的防辐射功效。此款果汁尤其适合孕妇饮用，具有独特的防辐射和抗辐射功效。

香蕉西红柿汁

| 原料 |

西红柿1个

香蕉1个

牛奶适量

| 做法 |

①将西红柿洗净后切块；香蕉去皮。
②将西红柿、香蕉、牛奶、冷开水一起放入榨汁机中榨成汁。

营养功效

香蕉含有丰富的维生素和矿物质，营养十分丰富，此外，香蕉还是一种具有抗辐射功效的水果，经常食用可帮助预防辐射。此款果汁有抗辐射的功效，尤其适合电脑工作者饮用。

🥛 香蕉柳橙蜂蜜汁

| 原料 |

香蕉1根　　柳橙2个　　蜂蜜适量

| 做法 |

①香蕉去皮，切块；柳橙洗净，取肉。
②将所有材料放入榨汁机内，加适量冷开水，搅打成汁即可。

【 营养功效 】

香蕉含有大量的碳水化合物、膳食纤维等营养成分，有消炎解毒、抗辐射的功效；柳橙含有大量的维生素C，有美容养颜、抗辐射的功效。常饮用此款果汁，能消炎解毒、抗辐射。

🥛 清凉黄瓜蜜饮

| 原料 |

黄瓜100克　　蜂蜜适量

| 做法 |

①将黄瓜洗净，切丝，放入沸水中汆烫，备用。
②将黄瓜丝、冷开水放入榨汁机中，榨成汁，再加入蜂蜜，拌匀即可。

【 营养功效 】

黄瓜有降血压、防辐射、抗癌的功效。常饮用此款果汁，有美容养颜、防辐射、降血压的功效。

防癌抗癌

癌症又称恶性肿瘤，其局部组织的细胞增长速度往往高于正常细胞增长速度，而且会转移到其他组织。引发癌症的因素有许多，除了长期患有与癌症有关的疾病外，环境污染、遗传、接受辐射等都有可能致使身体各部位组织发生病变，引发癌症。平时多喝水，多吃富含维生素C、膳食纤维及花青素的食物，能够防癌抗癌，而选用一些具有防癌抗癌作用的蔬菜和水果榨成汁饮用，也是一种很好的选择。

蔬果汁中含有丰富的维生素、膳食纤维等营养成分，每天喝一杯蔬果汁，能有效防癌抗癌。

能起到防癌抗癌作用的水果有：草莓、山楂、柚子、橙子、柠檬、猕猴桃、苹果、橘子、李子、樱桃等。

能起到防癌抗癌作用的蔬菜有：菠菜、西红柿、芹菜、西蓝花、白菜、芦笋、洋葱、芥菜、白萝卜、莴笋等。

菠菜青苹果汁

|原料|

青苹果1个

菠菜100克

|做法|

①菠菜洗净切段；青苹果洗净，切块。
②将菠菜、青苹果一起放入榨汁机中，加入适量冷开水，榨成汁后倒入杯中。

· 营养功效 ·

苹果中的维生素C能抑制癌细胞，加强免疫细胞的吞噬能力，减缓恶性肿瘤生长速度；菠菜含有丰富的胡萝卜素，能增强身体预防传染病的能力。此款果汁对防癌、抗癌有一定食疗作用。

🥛 牛蒡胡萝卜芹菜汁

| 原料 |

牛蒡50克　胡萝卜10克　芹菜300克　蜂蜜少许

| 做法 |

①将牛蒡洗净、去皮、切块；胡萝卜洗净，去皮切丁；芹菜洗净，去叶切丁。

②将上述材料与冷开水一起放入榨汁机中榨汁，最后加入蜂蜜拌匀即可饮用。

> 营养功效

牛蒡能促进体内细胞的增殖、强化和增强白细胞、"血小板"，使T细胞以3倍的速度增长，强化免疫力，增强抗癌的功效。此款果汁能增强免疫力、防癌抗癌。

🥛 草莓蓝莓桑葚汁

| 原料 |

蓝莓40克　桑葚100克　草莓20克

| 做法 |

①将桑葚洗净切成小块；草莓、蓝莓均洗净，去蒂，对半切开。

②将桑葚、蓝莓、草莓一同放入榨汁机内搅打成汁，加冰块即可。

> 营养功效

草莓中含有鞣花酸，能保护机体免受致癌物的伤害，对缓解鼻咽癌、肺癌、喉癌患者放疗反应、症状有益。此款果汁能健胃、防癌抗癌。

🥤 猕猴桃酸奶汁

| 原料 |

猕猴桃1个　　　酸奶20克

| 做法 |

①猕猴桃洗净，去皮对半切开，挖出果肉。

②将猕猴桃及酸奶一同放入榨汁机中榨汁即可。

营养功效

猕猴桃富含维生素C，能通过保护细胞间质屏障，消除食进的致癌物质，对延长癌症患者生存期起一定作用。猕猴桃与酸奶合并榨汁，不仅酸甜可口，还能防癌抗癌。

🥤 参须汁

| 原料 |

参须200克　　鲜奶150克　　洋葱适量

| 做法 |

①参须、洋葱分别用水洗净，切块。

②榨汁机内放入参须、鲜奶和洋葱，搅打均匀，把参须汁倒入杯中即可。

营养功效

参须具有益气、生津、止渴的功效；洋葱中的硒元素和槲皮素能起到抑制癌细胞活性的作用。适量饮用此款果汁，能增强人体免疫力，起到抗癌防癌的作用。

🥤 莴笋蔬果汁

| 原料 |

莴笋80克

猕猴桃1/2个

| 做法 |

①莴笋洗净，去皮切段；猕猴桃洗净，去皮，切块。

②将所有材料放入榨汁机内，搅打2分钟即可。

> **营养功效**
>
> 莴笋中含有某些抑制癌细胞的成分，常食能防癌抗癌。此外，其中含有的铁元素，对缺铁性贫血病人十分有益。此果汁有防癌抗癌、预防贫血的功效。

🥤 莴笋沙田柚汁

| 原料 |

莴笋100克

苹果50克

沙田柚1/2个

| 做法 |

①莴笋洗净，去皮切段；苹果去皮、去核，切丁；沙田柚去皮榨汁，备用。

②将莴笋、苹果放入榨汁机中，加沙田柚汁后搅匀即可。

> **营养功效**
>
> 沙田柚中的有效成分可以阻止健康细胞的癌变；苹果能抑制癌细胞扩散，有防癌抗癌之效。此果汁有防癌抗癌、宽肠通便等功效。

豆芽柠檬汁

原料

豆芽100克

柠檬适量

蜂蜜适量

做法

①豆芽洗净；柠檬洗净去皮、核，切块。
②将豆芽、冷开水及柠檬放入榨汁机中，榨成汁，再加入蜂蜜，调拌均匀即可。

营养功效

柠檬中含有的柠檬苦素能抑制多种癌症细胞的生长，其中包括白血病细胞、宫颈癌细胞、乳腺癌细胞和肝癌细胞。此果汁可防癌抗癌、健脾养胃。

胡萝卜橘橙汁

原料

胡萝卜200克

橘子3个

橙子1个

做法

①胡萝卜洗净，切成大块；橘子、橙子分别洗净，切块，去皮，去籽。
②橘子块、橙子块放入榨汁机中打汁，再放入胡萝卜块打汁，倒入杯中即可。

营养功效

胡萝卜含有的维生素A原是维持生命所必需的一种物质，能增强人体的抗癌能力；橘子有防癌抗癌、益气养胃的功效。此果汁可健脾开胃、防癌抗癌。

常见病调理蔬果汁

Part 4

日常生活中，因体质改变，或者其他原因引起的疾病，如感冒、咳嗽、便秘、腹泻、贫血、"三高"等，都可通过对症饮用蔬果汁来调理。

本章将为大家介绍一些适合常见病调理的蔬果汁。蔬菜水果巧搭配，让您在家也能喝出健康。

感冒

感冒常因风吹受凉引起，它是一种自愈性疾病，与气候和人的免疫力有一定的关系。人们除了适应气候的转变外，还可通过饮食调节来增强免疫力。

平常多吃蔬果和高蛋白的食物，能增强人体免疫力，提高对感冒的防御能力。蔬果汁中含有维生素C、维生素B_6、胡萝卜素和维生素E等，能够增强人体的免疫力。

对症水果：草莓、橘子、柠檬、桃子、樱桃、苹果、葡萄、菠萝等。

对症蔬菜：洋葱、南瓜、芹菜、冬瓜、丝瓜、胡萝卜、白萝卜、莲藕、莴笋、苦瓜、豆芽、包菜等。

每天一杯蔬果汁，感冒远离你我他。以下将为大家介绍一些可以防治感冒的蔬果汁。

豆芽西红柿草莓汁

| 原料 |

豆芽10克　西红柿300克　草莓50克　柠檬适量

| 做法 |

①将豆芽洗净备用；草莓洗净对半切块；西红柿洗净，切小块；柠檬洗净去皮、核，切块。

②将以上原料一起放入榨汁机中，加入冷开水榨汁即可。

营养功效

豆芽可防治感冒、利尿解毒；草莓对胃肠道和贫血均有一定的滋补调理作用。此款果汁能预防感冒、清热解毒。

南瓜木瓜汁

原料

木瓜1/4个　南瓜60克　柠檬少许　豆奶200克

做法

①将木瓜、柠檬洗净后去皮，去籽，切块；南瓜洗净后去皮，去籽，切块，煮熟。
②将所有材料放入榨汁机一起搅打成汁，滤出果肉即可。

营养功效

南瓜中含有的锌元素，能够促进蛋白质的合成，提高机体免疫力，对感冒患者有很好的辅助食疗作用。此款果汁可增强免疫力、防治感冒。

莴笋芹菜汁

原料

莴笋100克　芹菜150克　油菜50克　冰糖适量

做法

①莴笋洗净，切小块；芹菜、油菜均洗净，切小段。
②将莴笋、芹菜和油菜同入榨汁机榨汁，滤汁后入杯，与冰糖混匀即可。

营养功效

芹菜有清热利湿、平肝健胃的功效，对于感冒引起的头痛、眩晕有一定的辅助食疗作用。此款果汁有清热健胃、利湿的功效，可有效预防感冒。

樱桃草莓柚子汁

原料

草莓50克　柚子半个　樱桃100克

做法

①将柚子去皮，切小块；草莓、樱桃均洗净，去蒂，切块。

②将所有材料放入榨汁机内榨汁，最后倒入杯中即可。

营养功效

樱桃能预防感冒、增强体质、健脑益智；柚子含蛋白质、有机酸等，能助消化。此款果汁能预防感冒，增强抵抗力。

菠萝梨汁

| 原料 |

梨1/2个　　　菠萝100克

| 做法 |

①梨、菠萝均洗净，去皮切块。

②梨、菠萝放入榨汁机中加少许冷开水榨汁，再倒入杯中。

营养功效

此款果汁含多种维生素、矿物质，尤其是含有一些微量元素，具有预防感冒、增强免疫力的功效。

莲藕菠萝柠檬汁

| 原料 |

莲藕30克　菠萝50克　芒果半个　柠檬少许

| 做法 |

①将菠萝去皮，洗净切小块；莲藕洗净后去皮，切块；柠檬、芒果洗净去皮，去核，切块。

②将上述原料放入榨汁机一起搅打成汁，滤出果肉即可。

营养功效

莲藕有防治感冒、健脾止泻的功效；菠萝有消炎、消除疲劳的功效。此蔬果汁有调理肠胃、防治感冒的作用。

美味桃汁

| 原料 |

桃子1个　胡萝卜30克　柠檬10克　牛奶100克

| 做法 |

①桃子、柠檬分别洗净去皮，去核，切块；胡萝卜洗净，去皮，切丁。

②将桃子、胡萝卜、柠檬、牛奶一起放入榨汁机内搅打成汁，滤出果肉即可。

营养功效

桃子富含蛋白质、脂肪、糖、钙、磷、铁和B族维生素、维生素C等营养成分，可养阴生津、补气润肺、强身健体、预防感冒。

🥤 金橘橙子柠檬糖水

| 原料 |

金橘60克　　柳橙30克　　柠檬15克　　糖水

| 做法 |

①将金橘、柳橙、柠檬用清水洗净，分别去皮、核，取肉。

②将所有原料放入榨汁机中，榨取汁液后饮用。

〔 营养功效 〕

此款果汁富含维生素C，维生素C能维持人体各组织和细胞间质的生成，并保持它们正常的生理功能，增强机体抗寒能力，有效预防感冒。

🥤 洋葱胡萝卜李子汁

| 原料 |

洋葱10克　苹果50克　芹菜100克　胡萝卜200克　李子30克

| 做法 |

①洋葱去皮洗净，切块；苹果洗净，去皮、核，切块；芹菜洗净，切段；胡萝卜洗净去皮，切块；李子洗净，取肉。

②将上述原料加冷开水放入榨汁机中榨成汁拌匀即可。

〔 营养功效 〕

洋葱具有发散风寒的作用，能抗寒，抵御流感病毒，杀菌。长期饮用此款果汁，能防治感冒。

咳 嗽

　　咳嗽是呼吸系统疾病中最常见的症状之一，当呼吸道黏膜受到异物、炎症、分泌物或过敏性因素等刺激时，就会反射性地引起咳嗽。咳嗽又分风寒咳嗽、风热咳嗽、气虚咳嗽、阴虚咳嗽等类型。

　　咳嗽是一种常见病，选择绿色健康的食疗方式来缓解咳嗽症状，是非常不错的选择。其实，生活中很多常见的蔬果都具有防治咳嗽的功效，将其榨取成汁饮用，对治疗咳嗽大有裨益。

　　对症水果：橘子、雪梨、西瓜、苹果、葡萄、樱桃、柚子、猕猴桃等。

　　对症蔬菜：莲藕、西红柿、竹笋、油菜、白菜、白萝卜、葱、芹菜、生姜、包菜等。

莲藕柳橙苹果汁

| 原料 |

莲藕1/3个　柳橙1个　苹果半个　蜂蜜3克

| 做法 |

①苹果洗净，去皮去核切块；柳橙洗净，去皮切块；将莲藕洗净，去皮切小块。

②将以上材料与冷开水放入榨汁机中榨成汁，最后加入少许蜂蜜即可。

营养功效

莲藕富含维生素C、膳食纤维等营养成分，有健脾益胃、润肺止咳的功效；苹果有调节肠胃、降低胆固醇等功效。常饮用此款果汁，能润肺止咳、调节肠胃。

梨香瓜柠檬汁

| 原料 |

梨1个　　香瓜200克　　柠檬适量

| 做法 |

①梨洗净，去皮、核，切块；香瓜洗净，去皮，切块；柠檬洗净，去皮，切片。
②将梨、香瓜、柠檬依次放入榨汁机，搅打成汁即可。

营养功效

梨有促进食欲、润燥消风、解热的作用；香瓜含有矿物质、糖分、维生素C等，有镇咳祛痰、解烦渴、消暑热的功效。此款果汁可润肺止咳、消暑热。

苹果柳橙柠檬汁

| 原料 |

苹果1个　　柳橙100克　　柠檬20克

| 做法 |

①将苹果洗净，去核，切成块；柳橙、柠檬洗净，去皮，切块。
②把苹果和柳橙、柠檬放入榨汁机中榨汁，再搅拌均匀即可。

营养功效

柠檬含有维生素C等成分，有生津健脾、化痰止咳的功效；苹果有润肺、增强免疫力的功效。此款果汁，有化痰止咳、防治感冒的作用。

柳橙橘子汁

| 原料 |

柳橙1个　　橘子2个　　柠檬50克　　蜂蜜适量

| 做法 |

①将橘子、柳橙、柠檬分别洗净、去皮，对半掰开。

②将橘子、柳橙、柠檬榨成汁后，加入蜂蜜拌匀即可。

营养功效

柠檬含有维生素C、蛋白质等营养成分，有化痰的功效；橘子有降血压、消除疲劳的功效。经常饮用此款果汁，有润肺止咳的作用。

白萝卜芥菜柠檬汁

| 原料 |

柠檬1个　　蜂蜜适量　　白萝卜70克　　芥菜80克

| 做法 |

①将柠檬洗净，连皮切块；白萝卜洗净去皮，切块；芥菜洗净，切块。

②将以上材料放入榨汁机中，榨汁后倒入杯中，加少许蜂蜜即可。

营养功效

白萝卜有清热生津、清血凉血的功效，可治疗热咳带血等病；柠檬可生津健脾、化痰止咳。本品不仅可以清热解毒，也有润肺止咳的作用。

芹菜杨桃蔬果汁

| 原料 |

芹菜30克　杨桃50克　青提100克　芦笋30克

| 做法 |

①芹菜、芦笋洗净，切小段；将杨桃洗净，切成小块；青提洗净后对切，去籽。
②将所有原料倒入榨汁机内，榨出汁后倒入杯中即可。

营养功效

芹菜含有甘露醇，具有清热除烦、利水消肿的作用；杨桃有清热利咽、生津止渴、利小便的功效。此款果汁有清热利咽、化痰止咳的作用。

香蕉苦瓜油菜汁

| 原料 |

香蕉1/2根　苦瓜20克　油菜1棵　蜂蜜适量

| 做法 |

①将香蕉去皮，切块；苦瓜洗净，去籽，切块；油菜洗净，切成小段。
②将全部原料放入榨汁机中，榨成汁，加蜂蜜即可。

营养功效

油菜含有大量胡萝卜素和维生素C，有助于增强机体免疫能力；苦瓜有养血益气、补肾健脾的功效。此款果汁可清热润肺、防治咳嗽。

西瓜圣女果柚汁

| 原料 |

西瓜150克

圣女果50克

葡萄柚1个

| 做法 |

①将西瓜洗净去皮，去籽；葡萄柚去皮，圣女果洗净，均切适当大小的块。
②将以上材料入榨汁机榨汁即可。

营养功效

西瓜有清热解暑、生津止渴、利尿除烦的功效；圣女果具有清热除烦、利水消肿的作用。此款果汁可防治咳嗽、清热生津。

包菜白萝卜汁

| 原料 |

包菜50克

白萝卜50克　无花果2个

酸奶1/4杯

| 做法 |

①将白萝卜和无花果分别洗净，去皮，与洗净的包菜均切以适当大小的块。
②将所有原料放入榨汁机一起搅打，滤出果汁即可。

营养功效

包菜中含有丰富的维生素C，能强化免疫细胞，增强机体免疫力；白萝卜可化痰清热、下气宽中。此款果汁有清热化痰、止咳的功效。

樱桃西红柿汁

| 原料 |

西红柿半个

樱桃300克

柠檬20克

| 做法 |

①将西红柿洗净，切小块；柠檬洗净去皮、核，切块；樱桃洗净，去核。

②将西红柿、柠檬和樱桃放入榨汁机榨汁，以滤网去残渣即可。

营养功效

本品富含维生素C、蛋白质、脂肪、糖类等营养成分，有清热解毒、生津止渴、润肺止咳的功效。

白菜柠檬葡萄汁

| 原料 |

白菜50克

柠檬30克

柠檬皮少许

葡萄50克

| 做法 |

①将白菜叶洗净，切段；葡萄洗净，去皮，去核；柠檬洗净，去皮，取肉，榨汁。

②将白菜叶与葡萄、柠檬汁、柠檬皮以及冷开水，同入榨汁机榨汁即可。

营养功效

白菜有润肺止咳、润肠通便的功效；柠檬汁有润肺止咳、预防感冒、抵抗坏血病的功效。此款果汁可减轻咳嗽症状，还可增强人体免疫力。

腹泻

　　腹泻是一种常见症状，是指排便次数明显超过平日惯有频率，粪质稀薄，水分增加，每日排便量超过200克，或含未消化的食物或脓血、黏液。

　　腹泻多是食用了不卫生、生冷或者难消化的食物，饮食没有规律等因素所致。多吃富含蛋白质、维生素、热量的半流质食物，不仅能缓解腹泻，还能补充人体流失的营养物质和能量。这时，喝一杯富含多种维生素的蔬果汁，对减轻腹泻症状也有很好的食疗作用。

　　对症水果：苹果、荔枝、草莓、橙子、山楂、香蕉、葡萄、樱桃、石榴等。

　　对症蔬菜：菠菜、山药、冬瓜、南瓜、黄瓜、油菜、西蓝花、西红柿、白萝卜、土豆等。

美味荔枝柠檬汁

|原料|

荔枝400克

柠檬1/4个

|做法|

①荔枝用清水洗净，去皮、核，取肉。

②将柠檬洗净去皮、籽，切块。

③将荔枝、柠檬放入榨汁机中，榨成汁后倒入杯中饮用即可。

营养功效

荔枝是顽固性呃逆及五更泄泻者的食疗佳品；柠檬有降胆固醇、美白的功效。常饮此款果汁，可预防腹泻，美白护肤。

🥤 猕猴桃柠檬梨汁

| 原料 |

猕猴桃1个　　梨1个　　柠檬1个　　油菜1棵

| 做法 |

①将猕猴桃洗净，去皮，切块；梨洗净去皮和果核，切块；柠檬洗净，切片；油菜洗净，切段。

②将梨、猕猴桃、柠檬、油菜榨成果汁，倒入杯中即可。

| 营养功效 |

此款果汁含有维生素C、蛋白质、抗氧化剂等营养成分，有养阴清热、延缓衰老的功效，可有效减轻腹泻的症状。

🥤 菠萝甜橙汁

| 原料 |

香蕉1根　　柳橙1个

| 做法 |

①将柳橙洗净，去皮，切块，榨汁；将菠萝去皮，切段。

②把菠萝、柳橙、冷开水放入榨汁机，搅打均匀即可。

| 营养功效 |

菠萝营养丰富，能起到健胃消食、补脾止泻、清胃解渴的作用。常饮此款果汁，能增强机体的抗病能力，预防腹泻。

冬瓜苹果蜜饮

| 原料 |

冬瓜300克　　　苹果1个　　　蜂蜜少许

| 做法 |

①冬瓜洗净去皮、籽，切块；苹果洗净，去皮、核，切成小块。

②将准备好的材料放入榨汁机内，搅打2分钟，加入蜂蜜拌匀即可。

（ 营养功效 ）

苹果中含有丰富的维生素C，能促进肝脏解毒，增强体质和抗病能力，且有健脾和胃的功效。此款果汁有健脾润肠、防治腹泻的功效。

山药香蕉汁

| 原料 |

山药35克　菠萝50克　香蕉30克　蜂蜜

| 做法 |

①山药去皮，洗净，切块备用；菠萝去皮，洗净，切块；香蕉去皮，切段，备用。

②将山药、菠萝和香蕉倒入果汁机中榨汁，再加蜂蜜拌匀即可。

（ 营养功效 ）

山药可维持人体正常的消化功能，能提高人体免疫力，对便溏腹泻、脾胃虚弱等症状有很好的食疗作用。本品可预防腹泻，提高免疫力。

葡萄西蓝花白梨汁

原料

葡萄150克　西蓝花50克　梨1/2个　柠檬少许

做法

①葡萄洗净，去皮；西蓝花洗净，切小块；柠檬洗净去皮、核，切块；梨洗净，去果核，切小块。

②以上材料放入榨汁机内榨汁，即可。

营养功效

葡萄含有较多的酒石酸，有帮助消化的功效，适合消化不良引起的腹泻患者食用。西蓝花有增强免疫力的功效。此款果汁可健脾开胃，预防腹泻。

西红柿鲜蔬汁

原料

西红柿150克　西芹2棵　青椒1个　柠檬1/3个

做法

①西红柿洗净，切块；西芹、青椒洗净，切片；柠檬洗净，切片。

②将西红柿、西芹、青椒、柠檬、矿泉水放入榨汁机内榨汁即可。

营养功效

西红柿中所含有的柠檬酸、苹果酸和糖类能促进胃液的分泌，加快脂肪及蛋白质的消化速度。此款果汁可促进消化，防治腹泻。

便秘

便秘主要表现为排便次数减少、粪便量减少、粪便干结、排便费力等。上述症状同时存在两种以上时，可诊断为症状性便秘。便秘多与饮食和压力有关。如果饮食中缺少水分和膳食纤维或进食量过小，就可能会引起便秘。此外，精神压力过大也会造成便秘。老年人由于身体弱，活动量少，也容易便秘。

常吃含膳食纤维的蔬果、粗粮，以及含维生素和水分多的食物，能缓解便秘。蔬果汁中富含多种维生素和水分，常饮对症蔬果汁对防治便秘也大有帮助。

对症水果：黑莓、桃子、香蕉、桑葚、柑橘、菠萝、草莓、西瓜、猕猴桃、苹果、火龙果、葡萄等。

对症蔬菜：菠菜、竹笋、空心菜、芹菜、胡萝卜、芦笋、洋葱、韭菜、土豆、白菜、南瓜、黄瓜、丝瓜、山药、莲藕等。

覆盆子黑莓牛奶汁

| 原料 |

覆盆子120克　　黑莓100克　　牛奶100克

| 做法 |

①将覆盆子、黑莓分别用清水洗净，再一起放入榨汁机中，倒入牛奶一同榨汁。
②将果汁倒入杯中即可饮用。

营养功效

覆盆子含有有机酸、糖类、维生素C、覆盆子酸，能补益肝肾；黑莓富含维生素C、维生素K、氨基酸，可通便，延缓衰老。此款果汁可健脾益胃，防治便秘。

西芹菠萝汁

| 原料 |

西芹100克　鲜奶200克　菠萝200克　蜂蜜1大匙

| 做法 |

①将西芹洗净，择下叶片备用。
②将菠萝去皮，去心，洗净后切成小块。
③将所有原料放入榨汁机内，搅打2分钟即可。

> ◀ 营养功效 ▶
>
> 西芹含大量膳食纤维，可刺激胃肠蠕动，促进排便；菠萝中含有一种叫"菠萝朊酶"的物质，它能分解蛋白质。此款蔬果汁具有促进消化、改善便秘的功效。

香蕉燕麦汁

| 原料 |

香蕉1根　　　燕麦80克　　牛奶200克

| 做法 |

①将香蕉去皮，取肉，切成小段；燕麦洗净。
②将所有原料一起放入榨汁机内，搅打成汁后倒入杯中饮用即可。

> ◀ 营养功效 ▶
>
> 燕麦含丰富的可溶性纤维，可促使胆酸排出体外，降低胆固醇，减少高脂肪食物的摄取，是瘦身者节食的极佳选择。此款果汁可以缓解便秘。

桃子苹果汁

原料

桃子1个

苹果1个

做法

①桃子、苹果均洗净，去核，切块。

②将苹果、桃子放进榨汁机中，榨出汁即可。

营养功效

桃子含有多种人体所必需的矿物质及多种纤维素，有润肠作用，可防治便秘。此款果汁具有缓解便秘的功效。

柳橙菠萝莲藕汁

原料

柳橙60克

菠萝100克

莲藕30克

做法

①将柳橙洗净去皮、籽，取肉，切块；菠萝去皮，洗净，切块；莲藕洗净去皮，切块。

②将柳橙、菠萝、莲藕倒入榨汁机中，榨取汁液后倒入杯中即可。

营养功效

此款果汁富含膳食纤维和维生素，具有调和肠胃、刺激肠胃蠕动、解毒的功效，可有效缓解便秘的症状。

🥤 白菜苹果汁

| 原料 |

白菜100克　　苹果1/4个　　蜂蜜适量

| 做法 |

①将白菜洗净；苹果洗净去皮，去籽，切小块备用。

②将白菜用手撕成小段，和苹果、冷开水、蜂蜜一起放入榨汁机中榨成汁。

> **营养功效**
>
> 白菜含有丰富的膳食纤维，不但能起到润肠、促进排毒的作用，还能刺激肠胃蠕动，促进大便排泄，帮助消化。此款蔬果汁可润肠通便、排毒瘦身。

🥤 菠菜胡萝卜汁

| 原料 |

菠菜100克　胡萝卜50克　包菜2片　西芹60克

| 做法 |

①菠菜洗净，去根，切成小段；胡萝卜洗净，去皮，切小块；包菜洗净，撕成块；西芹洗净，切成小段。

②将准备好的材料放入榨汁机榨出汁即可。

> **营养功效**
>
> 菠菜有促进肠道蠕动的作用，利于排便；胡萝卜有利膈宽肠、增强抵抗力的功效。此款蔬果汁可缓解便秘症状。

红白萝卜汁

| 原料 |

胡萝卜30克　白萝卜1根　芹菜1棵　蜂蜜适量

| 做法 |

①胡萝卜去皮，洗净，切块；白萝卜洗净后去皮，切块；芹菜洗净，切小段备用。

②将所有材料放入榨汁机中，榨成汁，倒入杯中，加入蜂蜜即可。

营养功效

白萝卜含有丰富的植物纤维，可促进肠道蠕动，有利于排便。此款蔬果汁有润肠排毒、防治便秘的作用。

黄瓜生菜冬瓜汁

| 原料 |

黄瓜1根　冬瓜50克　生菜叶30克　柠檬1/4个

| 做法 |

①柠檬去皮，洗净；黄瓜、生菜洗净；冬瓜去皮去籽，洗净。将上述材料切成大小适当的块。

②将所有材料放入榨汁机一起搅打成汁，滤出果肉即可。

营养功效

黄瓜中含有的纤维素能促进肠胃内腐败物排泄；生菜可消脂减肥，促进血液循环。此款蔬果汁可防治便秘，消脂减肥。

莲藕胡萝卜汁

| 原料 |

莲藕50克　　胡萝卜50克　　柠檬汁1/4个　　蜂蜜1小勺

| 做法 |

①将莲藕与胡萝卜分别洗净，去皮，切块；柠檬洗净去皮、核，切块。

②将所有原料放入榨汁机一起搅打，滤出果汁即可。

营养功效

胡萝卜含有胡萝卜素等营养成分，有助于促进胃肠道蠕动；莲藕有健脾益胃、预防贫血的功效。此款果汁有益胃润肠、防治便秘的作用。

蜂蜜雪梨莲藕汁

| 原料 |

雪梨30克　　　莲藕150克　　　蜂蜜30克

| 做法 |

①将雪梨洗净，去皮，去籽，切块；莲藕洗净，去皮，切块。

②将所有原料放入榨汁机内，以高速搅打90秒，倒入杯中即可。

营养功效

莲藕能健脾益胃，加速肠道蠕动，有软化粪便的作用；蜂蜜有清肠通便、生津止渴的功效。此款果汁可预防便秘、缓解压力。

口腔溃疡

口腔溃疡又称为"口疮",是发生在口腔黏膜上的表浅性溃疡,大小可从米粒扩至黄豆大小,呈圆形或卵圆形,周围充血。溃疡具有周期性、复发性及自限性等特点,好发于唇、颊、舌缘等。局部创伤、精神紧张、激素水平改变及维生素或微量元素缺乏、食用辛辣等刺激性食物,都会导致口腔溃疡。

口腔溃疡患者应多吃含维生素、蛋白质和卵磷脂的食物。蔬果汁中富含维生素和矿物质,每天喝一杯蔬果汁,能够预防和改善口腔溃疡。

对症水果:西瓜、苹果、梨、桃子、橙子、香蕉、草莓、猕猴桃、柚子等。

对症蔬菜:包菜、茄子、小白菜、芹菜、胡萝卜、白萝卜、西红柿、菠菜、芦笋、冬瓜、苦瓜、黄瓜等。

包菜莴笋汁

| 原料 |

莴笋100克　包菜100克　苹果50克　蜂蜜少许

| 做法 |

①将莴笋去皮洗净切块;包菜洗净,切块;苹果洗净,去皮、核,切块。

②将以上材料放入榨汁机中,加入冷开水和蜂蜜榨汁,搅匀即可。

营养功效

莴笋有清热利尿、消积下气的功效;包菜能够促进人体新陈代谢,提高人体免疫力,增进食欲,促进消化。此款果汁有清热生津、提高免疫力的功效。

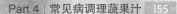

爽口西瓜葡萄柚汁

| 原料 |

西瓜150克　芹菜适量　葡萄柚1个

| 做法 |

①西瓜洗净，取果肉，去籽；葡萄柚去皮，切块；芹菜去叶，洗净后切块。

②将所有材料一同放入榨汁机榨汁，滤取汁后倒入杯中即可。

营养功效

西瓜含有大量的维生素，能改善口腔溃疡症状；葡萄柚的维生素P能增强皮肤及毛孔的功能。常饮用此款果汁，能改善口腔溃疡症状。

菠菜葱白蜂蜜汁

原料

菠菜60克　　葱白60克　　蜂蜜30克　　香菜10克

做法

①菠菜、葱白、香菜均洗净，切小段。

②将菠菜、葱白、香菜放入榨汁机中榨成汁，最后加入适量蜂蜜搅拌均匀即可。

营养功效

蜂蜜具有清热解毒的功效；菠菜具有促进肠道蠕动的作用。此款蔬果汁可清热解毒，能有效缓解口腔溃疡。

苦瓜芹菜黄瓜汁

原料

黄瓜1根　　苦瓜50克　　柠檬半个　　芹菜50克　　蜂蜜适量

做法

①苦瓜洗净，去籽，切块；柠檬洗净去皮，切块；黄瓜洗净去皮，切片；芹菜洗净，切段。

②将上述材料榨汁，加蜂蜜调匀即可。

营养功效

苦瓜味苦，能除邪热，解劳乏，清心明目，预防口腔溃疡。常饮此款蔬果汁，不仅能减轻口腔溃疡症状，还可以美容养颜，提神健脑。

芹菜胡萝卜柳橙汁

原料

芹菜30克　柳橙50克　胡萝卜90克　蜂蜜少许

做法

①将芹菜洗净，切段；柳橙洗净，去皮去核，切成块；胡萝卜洗净，切成块。

②将所有的原料倒入榨汁机内，搅打成汁即可。

营养功效

芹菜含有丰富的维生素、纤维素等营养成分，能提高溃疡面的愈合速度。常饮用此款蔬果汁，能清热降火，促使溃疡愈合。

胡萝卜雪梨汁

原料

胡萝卜100克　　梨1个　　柠檬适量

做法

①胡萝卜洗净，切块；雪梨洗净，去皮及果核，切块；柠檬洗净，去皮切片。

②然后将胡萝卜、梨、柠檬放入榨汁机中榨汁即可。

营养功效

梨是一种富含大量B族维生素的水果，经常食用可提高患者溃疡面的愈合速度。常饮此款蔬果汁，不但能缓解口腔溃疡症状，还能明目增视。

西瓜西红柿汁

| 原料 |

西瓜300克

西红柿1个

芝麻5克

| 做法 |

①将西红柿洗净，去皮，切块；西瓜洗净，去皮，切块；芝麻切碎。

②将西瓜、西红柿、芝麻一起放入榨汁机中榨汁后，即可倒入杯中饮用。

营养功效

西瓜含有丰富的B族维生素，可预防因缺乏B族维生素而导致的口腔溃疡；西红柿可抗菌消炎，增强人体免疫力。此款果汁可预防口腔溃疡，延缓衰老。

猕猴桃白萝卜香橙汁

| 原料 |

猕猴桃1个

橙子2个

白萝卜300克

| 做法 |

①猕猴桃洗净，去皮，切块；白萝卜洗净，去皮，切条；橙子洗净，取出果肉待用。

②将以上原料放入榨汁机中榨汁即可。

营养功效

白萝卜富含维生素C和锌元素，可预防因为缺锌所导致的口腔溃疡；香橙含有的黄酮类物质具有抗炎作用，有助于口腔溃疡恢复。此款果汁可预防口腔溃疡复发。

菠菜芹菜汁

| 原料 |

菠菜300克　芹菜200克　香蕉1/2根

| 做法 |

①将菠菜泡水洗净，去根，切段；将芹菜洗净，切段；香蕉去皮，均切块。
②将所有材料放入榨汁机中榨汁搅匀即可。

（ 营养功效 ）

菠菜中的膳食纤维可刺激肠胃蠕动，帮助人体排便排毒，对于胃溃疡、肠炎等引起的复发性口腔溃疡有较好的食疗作用。此款蔬果汁可预防口腔溃疡复发。

小白菜葡萄柚蔬果汁

| 原料 |

小白菜1棵　葡萄柚50克

| 做法 |

①将小白菜洗净，切段；葡萄柚去皮，洗净，果肉切成小块。
②将备好的材料放入榨汁机中，榨成汁即可。

（ 营养功效 ）

葡萄柚中含有丰富的维生素C，能促进溃疡面愈合；小白菜有提供营养、强身健体、润泽皮肤的功效。此款果汁可促进溃疡愈合，强身健体。

高血压

　　高血压是常见的慢性病，也是心脑血管病最主要的危险因素。高血压可能出现的症状有：头疼、眩晕、耳鸣、心悸气短、失眠、肢体麻木、眼睛突然发黑等。肥胖、遗传等都可能引起高血压。

　　高血压患者平时可通过饮食调节来改善血压状态，使血压保持平稳。

　　蔬果汁中富含维生素、精氨酸等，不仅能减缓血栓的形成，还能降低高血压的发病率。高血压患者每天饮用一杯蔬果汁，能缓解高血压症状，控制血压。

　　对症水果：山楂、梨、香蕉、火龙果、苹果、覆盆子等。

　　对症蔬菜：芹菜、白菜、西红柿、洋葱、胡萝卜、芦笋、土豆、茄子、莴笋、丝瓜、黄瓜、冬瓜、豆芽、茼蒿等。

胡萝卜草莓汁

原料

胡萝卜100克　　草莓80克　　冰糖少许

做法

①将胡萝卜洗净，切块；草莓洗净。

②将胡萝卜、草莓放入榨汁机中榨成汁，倒入杯中再加入冰糖即可。

营养功效

胡萝卜有助于增强机体的免疫力，对预防上皮细胞癌变有一定的作用；草莓能预防动脉硬化、冠心病。长期饮用此款果汁，能减缓动脉硬化，降低血压。

苹果绿茶优酪乳

| 原料 |

苹果1个　　优酪乳200克　　绿茶水适量

| 做法 |

①将苹果洗净，去皮、核，切小块，放入榨汁机内，搅打成汁。

②将绿茶水、优酪乳倒入榨汁机中，搅匀即可。

(营养功效)

苹果能够降低血胆固醇、降血压、保持血糖稳定。并且能够降低过旺的食欲，有利于减肥。此款果汁有助于降低血压，维持血糖平衡。

香蕉优酪乳

| 原料 |

香蕉2根　　优酪乳200克　　柠檬半个　　橘子1个

| 做法 |

①将香蕉去皮，切小段，放入榨汁机中搅碎，盛入杯中备用。

②柠檬、橘子分别洗净，去皮、籽，切块，榨成汁，加入优酪乳、香蕉汁，搅匀即可。

(营养功效)

香蕉富含降血压必需的钾离子，有抑制钠离子升压及损坏血管的作用。常饮用此款蔬果汁，有降血压的功效。

覆盆子菠萝桃汁

| 原料 |

覆盆子10颗　　桃子1个　　菠萝适量

| 做法 |

①桃子洗净去核，切成小块；菠萝去皮洗净，切块；覆盆子洗净。

②将以上备好的材料放入榨汁机中榨取汁液，倒入杯中饮用。

> 营养功效

覆盆子含有机酸、糖类、维生素 C，有补肝益肾、保护心血管的功效；菠萝有解暑止渴、利尿止泻的功效，常饮此款果汁，可补肝降压，增强免疫力。

梨苹果葡萄柚汁

| 原料 |

梨1个　　苹果1个　　葡萄柚200克　　蜂蜜适量

| 做法 |

①梨、苹果均洗净，去皮、核，切块；葡萄柚去皮、核，切块。

②将梨、苹果、葡萄柚放入榨汁机中榨汁，将果汁倒入杯中，加蜂蜜搅拌即可。

> 营养功效

苹果含有丰富的维生素和矿物质，其含有的钾元素能减缓血压上升及肌肉痉挛；而镁则具有消除疲劳的效果。此款果汁有利于降血压。

柳橙苹果梨汁

|原料|

柳橙2个　　苹果1/2个　　梨1/4个

|做法|

①柳橙洗净去皮，切块；苹果、梨均洗净，去核，切成小块。

②把柳橙、苹果、梨和冷开水放入果汁机内，搅打均匀即可。

营养功效

柳橙可美白，抗氧化，降低胆固醇；苹果可润肺除烦、健脾益胃、养心益气。此款果汁可稳定血压、生津止渴。

土豆胡萝卜汁

| 原料 |

土豆40克　胡萝卜10克　糙米饭30克　白糖适量

| 做法 |

①土豆洗净后去皮，切丝，汆烫捞起，以冰水浸泡。

②胡萝卜洗净，切块；将土豆、胡萝卜、糙米饭与白糖倒入果汁机中，加350克冷开水搅打成汁。

营养功效

土豆中钾和钙的平衡对于心肌收缩有显著作用，能预防高血压；胡萝卜也可降低血压。此款蔬果汁可控制血压升高、益脾健胃。

黄瓜莴笋汁

| 原料 |

黄瓜1/2根　莴笋1/2根　梨 1个　新鲜菠菜75克

| 做法 |

①黄瓜洗净，切块；莴笋去皮，洗净切片；梨洗净，切块；菠菜洗净去根。

②将上述材料榨成汁，倒入杯中，加入碎冰即可。

营养功效

莴笋中无机盐、维生素含量较多，又因含钾量较高，对高血压有一定的缓解作用；黄瓜中的维生素P能保护血管，降低血压。此款果汁可生津润燥，降低血压。

莴笋菠萝汁

|原料|

莴笋200克

菠萝45克

蜂蜜2汤匙

|做法|

①莴笋洗净，去皮，切细丝；菠萝去皮，洗净，切小块。

②将莴笋、菠萝、蜂蜜倒入果汁机内，加300克冷开水搅打成汁即可。

营养功效

菠萝有促进血液循环、降低血压的功效；莴笋含钾量较高，对高血压有一定的减缓作用。此款果汁有降低血压、促进血液循环的功效。

芹菜芦笋汁

|原料|

芹菜70克

芦笋2根

苹果1/2个

蜂蜜1小勺

|做法|

①将芦笋去根，苹果去核，芹菜去叶，并分别洗净后均切成适当大小块。

②将上述材料放入榨汁机一起搅打成汁，滤出果肉，加入蜂蜜调匀即可。

营养功效

芹菜中含有的镇静素能抑制血管平滑肌紧张，减少肾上腺素的分泌，从而降低和平稳血压；芦笋可以辅助降压。此款蔬果汁可降低血压，消脂瘦身。

高脂血症

高脂血症是指血液中总胆固醇或甘油三酯过高或者高密度脂蛋白胆固醇过低的疾病。尽管高脂血症可引起黄色瘤，但其发生率并不高；而动脉粥样硬化的发生和发展又是一种缓慢渐进的过程。因此在通常情况下，多数患者并无明显症状和异常体征。

遗传、饮食不当、糖尿病、肝病、肥胖症等都会引发高脂血症。日常饮食若遵循低盐少油的规律，便能预防和改善高脂血症状。而蔬果汁便是高血脂患者不错的选择。因为蔬果汁中含有维生素C和多种氨基酸，能软化血管，降低胆固醇和血脂的含量。

对症水果：苹果、草莓、石榴、火龙果、山楂、葡萄、柑橘等。

对症蔬菜：白菜、胡萝卜、洋葱、小白菜、包菜、黄瓜、冬瓜、莲藕、西红柿、芹菜、玉米、土豆等。

白菜柠檬汁

| 原料 |

白菜叶50克　　柠檬30克　　胡萝卜少许

| 做法 |

①白菜叶洗净，切段；胡萝卜洗净切丁；柠檬洗净，去皮、核，切块。

②将白菜叶、胡萝卜、柠檬及冷开水一起放入榨汁机内，搅打成汁即可。

营养功效

白菜中含有的大量膳食纤维，能促使胆固醇代谢物胆酸排出体外，可预防和减少动脉粥样硬化；柠檬可生津健脾，增强抵抗力。此款蔬果汁可降低血脂，健脾生津。

美味胡萝卜柑橘汁

| 原料 |

胡萝卜200克　　　柑橘6个

| 做法 |

①胡萝卜洗净，切成大块；柑橘洗净去皮，去籽。

②将胡萝卜和柑橘放入榨汁机中榨汁，最后倒入杯中即可。

营养功效

胡萝卜富含抗氧化物质，能有效降低血脂；柑橘能降低冠脉毛细血管脆性，降低血清胆固醇。此款蔬果汁能有效预防高脂血症。

草莓柠檬乳酪汁

| 原料 |

草莓4个　　　柠檬半个　　　乳酪200克

| 做法 |

①将草莓洗净，去蒂；柠檬洗净，切片。

②将草莓、柠檬、乳酪一起放入榨汁机搅打均匀即可。

营养功效

草莓富含多种有益成分，其丰富的维生素C除了可预防坏血病以外，对动脉硬化、冠心病、心绞痛、脑溢血、高血压、高脂血症等，都有预防作用。此款果汁具有降低高血脂的功效。

香蕉蜜柑汁

| 原料 |

香蕉1根

蜜柑60克

| 做法 |

①蜜柑、香蕉去皮，切块，洗净。
②将所有材料放入榨汁机内，加适量冷开水，搅打成汁即可。

营养功效

香蕉含丰富的钾，钾对人体内的钠具有抑制作用，多食香蕉，可降低血压；蜜柑可以降低沉积在动脉血管中的胆固醇。此款果汁可降低血脂，美容养颜。

西红柿洋葱汁

| 原料 |

西红柿1个

洋葱100克

红糖少许

| 做法 |

①将西红柿洗净，去皮，切丁；洋葱洗净后切片，泡入冰水中，沥干水分。
②将西红柿、洋葱及冷开水、红糖放入榨汁机内，榨汁即可。

营养功效

洋葱中含有前列腺素A，它是天然的血液稀释剂，能扩张血管，降低血液黏稠度，预防血栓形成。此款蔬果汁可降低血脂，生津健脾。

莲藕柠檬菠萝汁

|原料|

莲藕150克　菠萝1个　柠檬半个

|做法|

①莲藕洗净，切块；菠萝洗净，去皮，切块；柠檬洗净，切片。
②将准备好的材料放入榨汁机内榨成汁即可。

营养功效

本品可降低血液中胆固醇的浓度，还能减少脂肪聚集，降低血脂。

石榴苹果汁

原料

石榴1个

苹果1个

柠檬1个

做法

①剥开石榴的皮，取出果实；将苹果、柠檬分别洗净，去核，切块。
②将苹果、石榴、柠檬放入榨汁机，榨汁即可。

营养功效

苹果能降低胆固醇含量，保护心血管健康；石榴有软化血管、降低血脂的功效。此款果汁有健脾养血、降低血脂的作用。

芹菜苹果汁

原料

芹菜80克

苹果50克

胡萝卜60克

蜂蜜少许

做法

①芹菜洗净，切成段；苹果洗净，去皮去核，切成块；胡萝卜洗净，切成块。
②将上述材料倒入榨汁机内，搅打成汁，调入蜂蜜拌匀即可。

营养功效

芹菜中含有的酸性降压成分，可以使血管扩张，减少脂肪含量；苹果有降低胆固醇含量，保护心血管的功效。此款果汁可降血压，预防高脂血症。

冬瓜柠檬香蕉汁

|原料|

冬瓜150克　　香蕉80克　　柠檬30克

|做法|

①冬瓜洗净，削皮，去籽，切成小块；香蕉去皮取肉切段；柠檬洗净，切片。

②将以上材料放入榨汁机榨汁即可。

◀ 营养功效 ▶

冬瓜中的膳食纤维含量高达0.7%，可降低胆固醇、降血脂；柠檬富含维生素C和维生素P，能增强血管弹性和韧性。此款蔬果汁可预防高脂血症，并可化痰生津。

洋葱果菜汁

|原料|

洋葱1/2个　苹果1个　西红柿100克　胡萝卜1/2根　甘蔗少许

|做法|

①洋葱、西红柿去皮，洗净，切块；苹果洗净，去皮，去核，切块；甘蔗洗净去皮，切块，榨汁；胡萝卜洗净，去皮，切块备用。

②将以上材料放入榨汁机榨汁即可。

◀ 营养功效 ▶

洋葱能扩张血管，降低血液黏度，减缓血栓的形成。此款蔬果汁有降低血脂、健脾养血的功效。

糖尿病

糖尿病是一组由于胰岛素分泌缺陷或胰岛素作用障碍所致的以高血糖为特征的代谢性疾病。典型症状为"三多一少"症状，即多尿、多饮、多食和消瘦，一些患者症状不典型，仅有头昏、乏力等，甚至无症状。免疫功能紊乱、遗传等因素都会导致糖尿病，长期高血糖是该病明显的症状。而平时通过合理地调节饮食，则能够达到预防或控制糖尿病的目的。

一般人认为糖尿病患者不能吃甜的食物，也不能喝果汁。其实不尽然，因为果汁里含有大量的膳食纤维、微量元素及维生素，能补充人体所需的营养成分。糖尿病患者适量地饮用含糖量少或无糖的果汁，一定程度上还能预防或控制糖尿病。

对症水果：苹果、梨、桃子、橙子、樱桃等。

对症蔬菜：菠菜、白菜、芹菜、洋葱、油菜、西葫芦、黄瓜、南瓜、苦瓜、韭菜、绿豆芽、包菜、空心菜、西蓝花、红薯等。

菠菜油菜番石榴汁

原料

油菜500克　　番石榴半个 菠菜适量

做法

①将番石榴洗净，去核，切块，入榨汁机；菠菜、油菜洗净，切碎，放入榨汁机中。

②榨取汁液，倒入杯中饮用。

营养功效

油菜含有膳食纤维、碳水化合物、维生素等营养成分，能润肺除烦、健脾益胃、养心益气；菠菜能润燥清热、下气调中、降低血糖。此款蔬果汁对降低血糖有一定功效。

苹果芹菜油菜汁

| 原料 |

苹果120克　　芹菜30克　　油菜30克

| 做法 |

①将苹果洗净，去皮，去核，切小块；芹菜去叶洗净，切小段；油菜去根，洗净，切小段。

②将上述材料放入榨汁机榨汁即可。

营养功效

苹果有安眠养神、益心气、消食化积、解酒毒之功效；芹菜是降低血压、降低血糖佳品。此款蔬果汁适宜糖尿病人饮用。

黄瓜番石榴柠檬汁

| 原料 |

黄瓜250克　　番石榴200克　　柠檬半个

| 做法 |

①黄瓜洗净，切块；番石榴洗净，切块；柠檬洗净，切成片。

②将黄瓜、番石榴、柠檬放入榨汁机榨汁即可。

营养功效

黄瓜中所含的葡萄糖苷、果糖等，不参与通常的糖代谢，有利于降血糖；番石榴有助于稳定血糖，预防老年糖尿病。常饮此款果汁，能稳定血糖，预防糖尿病。

苦瓜芦笋汁

| 原料 |

苦瓜60克

芦笋80克

| 做法 |

①将芦笋洗净，切块，入榨汁机中。

②苦瓜洗净，去核，切块，入开水稍烫后，放入榨汁机，倒入冷开水榨汁饮用。

营养功效

苦瓜的新鲜汁液，含有苦瓜苷和类似胰岛素的物质，有助于控制血糖，预防糖尿病；芦笋可清热利尿、消除疲劳。此款果汁能有效降低血糖，消除疲劳。

梨柚柠檬汁

| 原料 |

柠檬1个

梨1个

柚子半个

| 做法 |

①将梨洗净，去皮，切成块；柚子去皮，切成块；柠檬洗净，去皮，切块。

②将柠檬、梨和柚子放入榨汁机内，榨出汁液，倒入杯中，搅匀即可。

营养功效

柚子肉中含有类似胰岛素的成分——铬，能降低血糖；梨有消渴、润肺的功效。糖尿病患者饮用此款果汁可有效降低血糖。

苹果黄瓜柠檬汁

| 原料 |

苹果1个

黄瓜100克

柠檬1/2个

| 做法 |

①将苹果洗净，去核，切成块；黄瓜洗净，切段；柠檬洗净，连皮切成三块。

②把苹果、黄瓜、柠檬放入榨汁机中，榨汁即可。

> 营养功效

黄瓜降血糖、消暑解渴；柠檬生津开胃、美容养颜。此款蔬果汁有生津开胃、降低血糖的功效。

黄瓜芹菜蔬菜汁

| 原料 |

黄瓜1根

芹菜1/2根

| 做法 |

①将黄瓜、芹菜洗净。

②将洗好的原材料切成纵长条，放入榨汁机中，榨成汁即可。

> 营养功效

黄瓜中含有葡萄糖苷、果糖等营养成分，有助于降血糖；芹菜有养血补虚、清热解毒的功效。此款蔬果汁有降低血糖、补血养虚的作用。

双芹菠菜蔬菜汁

| 原料 |

芹菜100克　胡萝卜100克　西芹20克　菠菜80克　柠檬少许

| 做法 |

①将芹菜、西芹、菠菜洗净，切小段；胡萝卜、柠檬洗净，削皮，切小块。

②将上述所有材料放入榨汁机中，榨出汁，加入冷开水搅匀即可。

营养功效

菠菜有润燥滑肠、清热除烦的功效，经常食用有利于维持血糖水平；芹菜有养血补虚、消除疲劳的功效。此款果汁有控制血糖、消除疲劳的功效。

冬瓜苹果柠檬汁

| 原料 |

冬瓜150克　　苹果80克　　柠檬30克

| 做法 |

①冬瓜削皮，去籽，洗净，切块；苹果洗净后去核，切小块；柠檬洗净，切片。

②将所有材料放入榨汁机内，搅打2分钟即可。

营养功效

冬瓜中的膳食纤维含量很高，有利于改善血糖水平；苹果可维持血糖水平、降低胆固醇。此款蔬果汁有降血糖、健脾养胃的功效。

红薯李子汁

| 原料 |

 红薯200克　　 李子50克

| 做法 |

①将红薯洗净去皮，切块；李子洗净去皮、核，切块。

②将所有材料放入榨汁机一起搅打成汁，滤出果肉即可。

营养功效

红薯可润肠通便、降血脂。此款蔬果汁有降血糖、健脾润肠的功效。

油菜芹菜汁

| 原料 |

 油菜1棵　　包菜叶2片　 芹菜1棵　　 柠檬少许

| 做法 |

①将包菜洗净，切成4~6等份；芹菜洗净切段；柠檬洗净，去皮、核、切块；油菜洗净。

②将上述材料放入榨汁机中榨汁即可。

营养功效

油菜含膳食纤维、胆酸盐等物质，可减少脂类吸收，辅助降血糖；芹菜有镇静安神、减肥的功效。常饮此款蔬果汁有助于降低血糖，减肥瘦身。

贫血是指人体外周血红细胞容量减少，低于正常范围下限的一种常见的临床疾病，常常有头昏、耳鸣、头痛、失眠、多梦、记忆力减退、注意力不集中等症状，乃是贫血缺氧导致神经组织损害所致。此病多见于女性。这是因为女性来月经时流失很多血，身体容易出现贫血的症状。

贫血主要与人体缺铁有关，而有些蔬果汁中含有丰富的维生素C和果酸，如樱桃汁等，能促进铁的吸收，叶酸能制造红细胞所需的营养素，增强人体的造血功能。若每天喝一杯含铁成分的蔬果汁，能在一定程度上改善贫血症状。

对症水果：菠萝、西瓜、葡萄、猕猴桃、甘蔗、草莓、橘子、桂圆、红枣、樱桃、火龙果等。

对症蔬菜：白菜、芹菜、苦瓜、花菜、西红柿、小白菜、胡萝卜、菠菜、土豆、青椒、红薯等。

西红柿海带柠檬汁

原料

西红柿200克　海带50克　柠檬1个　果糖20克

做法

①海带洗净，切片；西红柿洗净，切块；柠檬洗净，切片。

②将上述材料入果汁机中搅匀，滤去渣后与果糖拌匀，倒入杯中即可。

营养功效

西红柿中的维生素C和蛋白质能促进体内铁元素的吸收，对缺铁性贫血有一定的功效；海带含有丰富的碳水化合物、钙等营养物质。本蔬果汁对缺铁性贫血有食疗作用。

苹果菠萝酸奶汁

| 原料 |

菠萝100克　苹果1个　酸奶60克　蜂蜜30克

| 做法 |

①苹果洗净，去皮，去籽，切块备用；菠萝去皮，洗净，切块。

②将苹果、菠萝、酸奶倒入榨汁机内，以高速搅打30秒，再加蜂蜜调匀即可。

· 营养功效 ·

本品含有丰富的蛋白质、脂肪、矿物质等营养成分，有助于抗氧化，调节人体免疫力，延缓衰老，预防贫血。

美味甘蔗西红柿汁

| 原料 |

甘蔗200克　西红柿1个

| 做法 |

①将甘蔗洗净，去皮，放入榨汁机中榨取汁液；西红柿洗净，切块，放入榨汁机榨取汁液。

②将两种汁混合搅匀即可。

· 营养功效 ·

甘蔗是补血水果之王，其含有大量的铁、锌、钙等人体必需的矿物质，其中铁的含量特别高。本品能促进人体对铁的吸收，改善贫血症状。

草莓薄荷叶汁

原料

草莓5颗

蜂蜜适量

薄荷叶适量

做法

①将草莓用清水洗净后，去蒂，放入榨汁机中榨汁。

②将果汁倒入杯中加蜂蜜搅拌均匀。

③最后点缀上薄荷叶即可饮用。

营养功效

草莓富含氨基酸、葡萄糖、柠檬酸、胡萝卜素、铁等成分，能生津止渴，补血养颜，利咽止咳；蜂蜜能美白养颜、润肠通便。此款果汁可补脾益气，改善贫血症状。

火龙果优酪乳汁

原料

火龙果200克

优酪乳200克

做法

①将火龙果洗净，去皮，切成均匀的小块，备用。

②将所有材料一起倒入榨汁机打成果汁即可。

营养功效

火龙果含有一般植物少有的植物性白蛋白、花青素、丰富的维生素和水溶性膳食纤维，能美白皮肤、补血养颜。本品有补血美肤的功效，可改善贫血。

菠菜牛奶汁

| 原料 |

菠菜1根　　牛奶1/2杯　　蜂蜜少许

| 做法 |

①将菠菜洗净，去根，切段。
②将菠菜和牛奶一起放入榨汁机中，加少许凉开水榨成汁，再用少许蜂蜜调味即可。

营养功效

菠菜中的维生素C和叶酸含量丰富，可以增强人体对铁元素的吸收力，是缺铁性贫血患者的理想食物。此款果汁可补充营养，预防贫血。

木瓜红薯汁

| 原料 |

木瓜1/2个　红薯1个　柠檬1/2个　牛奶200克　蜂蜜1小勺

| 做法 |

①将木瓜洗净去皮，切块；柠檬洗净，去皮、核，切块；红薯洗净煮熟，去皮压成泥。
②将所有原料入榨汁机榨汁即可。

营养功效

红薯味甘，性平，有"补中和血、益气生津"的功效，且有利于保持血管的弹性，对贫血有一定的食疗作用。此款果汁可预防贫血，健脾益胃。

菠萝菠菜牛奶

| 原料 |

菠菜适量　　菠萝1片　　低脂鲜奶200克　　蜂蜜少许

| 做法 |

①将菠菜洗净，切段；菠萝洗净，去皮，切小片，放入榨汁机中。

②倒入牛奶与蜂蜜，榨汁后搅拌均匀，再饮用。

（ 营养功效 ）

菠菜中的维生素C和叶酸含量丰富，具有补肝养血的功效；牛奶可全面补充营养，镇静安神。此款果汁可补血养肝，防治贫血。

土豆莲藕蜜汁

| 原料 |

土豆80克　　莲藕80克　　蜂蜜20克

| 做法 |

①土豆及莲藕洗净，去皮煮熟，待凉后切小块。

②敲碎的冰块、土豆、莲藕、蜂蜜放入搅拌机中，以高速搅打40秒钟即可。

（ 营养功效 ）

土豆中含有的铁元素容易为人体吸收，能够为人体补充铁元素，促进血液循环；莲藕有强壮筋骨、补血养血的作用。此款果汁有补血养血、预防贫血的功效。

蜂蜜西红柿山楂汁

| 原料 |

西红柿150克　　山楂80克　　蜂蜜1大匙

| 做法 |

①将西红柿洗干净，去掉蒂，切成大小合适的块；山楂洗干净，切成小块。

②将西红柿、山楂放入榨汁机内，加冷开水和蜂蜜，搅打2分钟即可。

> 营养功效
>
> 西红柿中含有的铁元素，能促进血液循环；山楂可健脾开胃，活血化瘀；蜂蜜有增强人体抵抗力的功效。此款果汁可益气养血，防治贫血。

西瓜橘子西红柿汁

| 原料 |

西瓜200克　橘子1个　西红柿1个　柠檬1/2个　冰糖少许

| 做法 |

①西瓜洗干净，削皮，去籽；橘子剥皮，去籽；西红柿洗干净，切成大小适当的块；柠檬洗净切片。

②将所有原料倒入榨汁机内搅打2分钟即可。

> 营养功效
>
> 西瓜中含有的铁元素容易被人体吸收，能够促进血液循环，缓解贫血现象。此款蔬果汁可预防贫血，增强免疫力。

失眠

　　随着人们生活节奏的加快，各方面的压力也越来越大，睡眠质量随之下降，甚至演变成失眠。

　　失眠是指无法入睡或无法保持睡眠状态，导致睡眠不足。又称入睡和维持睡眠障碍，主要表现为入睡困难、睡眠深度或频度过短、早醒及睡眠时间不足或质量差等，是一种常见病。而睡眠质量的好坏会影响人们的生活质量和工作状态。

　　平时保持心情舒畅，同时加强饮食调理，多吃些安神的蔬果，对改善睡眠有很好的效果。而每天饮用一杯蔬果汁，能生津解渴、镇静安神，对改善睡眠也有很好的帮助。

　　对症水果：苹果、香蕉、梨、葡萄、菠萝、柠檬、桂圆、红枣等。

　　对症蔬菜：莲藕、莴笋、芹菜、山药、黄瓜、芋头等。

芋头苹果酸奶

| 原料 |

芋头200克　　苹果200克　　冰糖少许　　草莓酸奶150克

| 做法 |

①将芋头洗净，削皮，切成块；苹果洗净，去皮，切成块。

②将准备好的材料放入榨汁机内，倒入酸奶、冰糖搅打均匀即可。

营养功效

芋头是虚弱、疲劳或病愈者恢复体力的最佳食品，有提高免疫力、预防高血压的功效；苹果能有效减缓人体疲劳；酸奶可改善睡眠。本品可缓解疲劳，促进睡眠。

菠菜苹果包菜汁

原料

菠菜50克　　苹果1个　　包菜50克

做法

①将菠菜、包菜均洗净，切碎；苹果洗净，去核，切块。

②所有原料均放入榨汁机中榨汁即可。

营养功效

苹果含有丰富的维生素，维生素对于失眠患者有很好的食疗效果。此款蔬果汁具有缓解失眠症状的功效。

苹果油菜柠檬汁

原料

苹果1个　　油菜100克　　柠檬少许

做法

①苹果、柠檬分别洗净，去皮、核，切块；油菜洗净。

②把柠檬、苹果、油菜放入榨汁机搅打成汁，将蔬果汁倒入杯中即可。

营养功效

柠檬能解暑除烦，缓解疲劳。苹果浓郁的芳香对人的神经有很强的镇静作用。此款蔬果汁可补中益气，安神助眠。

🥤 芹菜杨桃葡萄汁

原料

芹菜30克

杨桃50克

葡萄100克

做法

①芹菜洗净，切段；将杨桃洗净，切成小块；葡萄洗净后对切，去籽。

②将所有材料倒入榨汁机内，榨出汁即可。

营养功效

芹菜对失眠有辅助治疗的效果；杨桃带有一股清香味，含有大量的草酸、柠檬酸等营养成分，有增强机体免疫力的作用。常饮用此款果汁，能镇静安神。

🥤 黄瓜西芹蔬果汁

原料

黄瓜1/5条

苦瓜1/5条

西芹1片

蜂蜜适量

做法

①将黄瓜洗净，切块；西芹洗净，切块；苦瓜洗净，去籽，切块。

②将所有材料榨成汁即可。

营养功效

黄瓜中含有的维生素B_1，能改善大脑和神经系统的功能，具有安神定志的功效。芹菜有安神、稳定情绪的作用。本品有安神定志、改善失眠的功效。

Part 5

适合全家人饮用的蔬果汁

　　新鲜蔬果汁不仅能为人体提供丰富的营养物质，而且还具有清除体内毒素、瘦身、消除疲劳、调理肠胃、改善体质、提高免疫力的功效。不同人群均可根据自身情况选择适宜的蔬果汁。

　　本章分别介绍了老年人、儿童、男性、女性、孕产妇适合饮用的蔬果汁，每种蔬果汁均详细介绍了原料、做法、营养功效等内容。

老年人

　　人人都想拥有健康的体魄，让疾病远离自己，对于老年人来说，健康的身体更为重要。随着年龄的增长，人的身体机能逐渐衰退，新陈代谢能力逐渐降低，各种疾病也随之而来。因此，老年人需特别注意日常生活保健，增强体质。

　　每天喝1~2杯蔬果汁，不仅能帮助老年人吸收蔬菜与水果的营养，还能增强抵抗力，预防"老年病"。不过，老年人应根据自己的体质和身体状况来选择适合的蔬果汁。例如，体质偏寒的老年人应少喝蔬果汁，体质较热且容易上火的老年人，可适当喝些蔬果汁。

　　老年人适宜吃的水果有：西瓜、苹果、猕猴桃、香蕉、葡萄、桃子等。

　　老年人适宜吃的蔬菜有：洋葱、黄瓜、油菜、冬瓜、苦瓜、白菜、胡萝卜、芹菜、山药、芦荟等。

🥤 胡萝卜西瓜李子汁

原料

胡萝卜200克　西瓜150克　蜂蜜适量　李子50克

做法

①将西瓜洗净，去皮、籽；将胡萝卜洗净，切块；李子洗净去皮、核、切块。

②将西瓜、胡萝卜、李子一起榨成汁。

③加入蜂蜜拌匀即可。

营养功效

胡萝卜含有维生素及钙、镁等矿物质，这些都是老年人保健所需的营养成分；西瓜含有多种维生素，能增强人体免疫力。老年人常饮此款果汁，能增强抵抗力。

山药橘子哈密瓜汁

| 原料 |

山药50克　橘子100克　哈密瓜200克　牛奶200克

| 做法 |

①将山药、哈密瓜去皮，橘子去皮核，洗净后均切块。

②将上述材料放入榨汁机一起搅打成汁，滤出果肉，加入牛奶拌匀即可。

〈 营养功效 〉

山药中含有淀粉酶、多酚氧化酶、维生素、微量元素等物质，能增强脾胃消化吸收功能，可预防心血管疾病。老年人常饮此款蔬果汁，能预防心血管疾病。

香蕉花生汁

| 原料 |

香蕉适量　花生适量

| 做法 |

①将香蕉去皮，切成小块；花生去掉外皮，备用。

②加入冷开水，将全部材料放入榨汁机中，榨成汁即可。

〈 营养功效 〉

香蕉越成熟免疫活性也就越高，多吃香蕉可增强人体抗癌的能力；花生富含维生素C等，能预防疾病。老年人常饮此款果汁，能增强人体免疫力。

胡萝卜桂圆汁

| 原料 |

桂圆50克　　　胡萝卜1/2个　　　蜂蜜适量

| 做法 |

①将胡萝卜洗净，切小块备用。

②将桂圆去壳及核，与胡萝卜、冷开水一起放入榨汁机中打成汁，加入蜂蜜调匀即可。

（ 营养功效 ）

胡萝卜含较多的胡萝卜素，对老年人有一定的保健作用；桂圆有养血宁神之效。此款果汁可缓解健忘、失眠和抗衰老，适合老年人饮用。

胡萝卜豆浆

| 原料 |

胡萝卜150克　苹果150克　橘子1个　豆浆240克

| 做法 |

①将胡萝卜洗净，削皮，切成块。

②将苹果洗净，去皮，去核；橘子剥皮、去籽，切成小块。

③将上述材料放入榨汁机内，搅打成汁，加入豆浆拌匀即可。

（ 营养功效 ）

胡萝卜有健脾和胃、补肝明目和杀菌作用，可增强老年人的免疫力，减缓视力衰退。此款豆浆适合老年人经常饮用。

胡萝卜石榴包菜汁

| 原料 |

胡萝卜1根   石榴少许   包菜2片   蜂蜜适量

| 做法 |

①将胡萝卜洗净，去皮，切条；石榴去皮，取籽；将包菜洗净，撕片。

②将胡萝卜、石榴、包菜放入榨汁机中搅打成汁，加入蜂蜜、冷开水即可。

营养功效

石榴汁的多酚含量比绿茶还要高，是抗衰老和防治癌症的佳品。此款果汁有增强免疫力的作用，尤其适合患癌症的老年人饮用。

草莓芦笋猕猴桃汁

| 原料 |

草莓60克   芦笋50克   猕猴桃1个

| 做法 |

①草莓洗净，去蒂；芦笋洗净，切段；猕猴桃洗净，去皮，切块。

②将草莓、芦笋、猕猴桃放入榨汁机中，搅打成汁即可。

营养功效

芦笋含碳水化合物和微量元素等，对老年人排尿困难有一定的疗效；猕猴桃有止渴、通淋之功效。此款果汁对老年人高血压和水肿等症有一定的食疗作用。

芦荟汁

| 原料 |

鲜芦荟200克

白糖适量

| 做法 |

①将芦荟洗净，去外皮和刺，切段备用。
②把洗净的芦荟放入榨汁机中，榨成汁，加入白糖调匀即可。

营养功效

芦荟是一种适合老年人的保健食品，芦荟中含有的芦荟多糖的免疫复活作用可提高机体的抗病能力。此款果汁对增强老年人免疫力有很好的功效。

芦笋蜜柚汁

| 原料 |

芦笋100克

芹菜50克

苹果50克

葡萄柚1/2个　蜂蜜少许

| 做法 |

①芦笋洗净，切段。
②将芹菜洗净后切成段状；苹果洗净后去皮，去核，切丁；葡萄柚去皮取肉。
③将芦笋、芹菜、苹果、葡萄柚榨汁，最后加入蜂蜜调味即可。

营养功效

柚子含有生理活性物质皮苷，可降低血液黏滞度，对老年人脑血管疾病有较好的预防作用。

苹果木瓜鲜奶汁

| 原料 |

| 苹果1个 | 木瓜1/2个 | 鲜奶100克 | 蜂蜜各少许 | 柠檬少许 |

| 做法 |

①将苹果、柠檬洗净，去皮，去核，并切成块；木瓜洗净，去皮，去籽，切成均匀的小块备用。

②将所有原料一起放入榨汁机中榨汁。

> ### 营养功效
>
> 苹果有安眠养神之功效，鲜奶有助眠养神之效。此款果汁可改善睡眠和缓解心悸，适合经常失眠多梦的老年人饮用，有缓解病症的作用。

苹果芥蓝汁

| 原料 |

| 苹果1个 | 芥蓝120克 | 柠檬1/2个 | 蜂蜜适量 |

| 做法 |

①将苹果洗净，去皮，去核，切小块；将芥蓝洗净，切段；柠檬洗净，切片备用。

②将苹果、芥蓝、柠檬一起放入榨汁机中，榨出汁，加入蜂蜜及冰块即可。

> ### 营养功效
>
> 芥蓝中含有有机碱，带有一点苦味，能刺激人的味觉神经，增进食欲，有助于消化。此款果汁能够缓解老年人食欲不振的症状，还有清心明目的功效。

🥤 柠檬芦荟芹菜汁

| 原料 |

柠檬1个　芹菜100克　芦荟100克　蜂蜜适量

| 做法 |

①将柠檬洗净去皮，切片；芹菜择洗干净，切成段；芦荟刮去外皮，洗净，切段。
②将柠檬、芹菜、芦荟一起放入榨汁机中榨汁，再加入蜂蜜，搅匀即可。

> **营养功效**
>
> 柠檬可止渴生津，芹菜能降低血压。此款果汁能预防高血压和缓解高血压的不适症状，适合老年人高血压患者饮用。

🥤 柠檬菠萝果菜汁

| 原料 |

柠檬1/2个　西芹50克　菠萝100克

| 做法 |

①柠檬洗净连皮切成3块；西芹洗净，切段；菠萝洗净，去皮，切块。
②将柠檬、菠萝及西芹放入榨汁机榨汁。
③将果汁倒入杯中即可。

> **营养功效**
>
> 柠檬有生津止渴之效，菠萝有解暑止渴、利尿之功效，对支气管炎等症也有食疗作用。此款果汁有利于缓解老年人支气管炎的症状，可经常饮用。

西瓜石榴汁

| 原料 |

西瓜100克　石榴200克　胡萝卜100克　蜂蜜少许

| 做法 |

①胡萝卜削去外皮，洗净切块备用；石榴取肉；西瓜洗净，去籽，取肉。

②将以上所有的材料放入榨汁机中，搅打匀过滤即可。

【 营养功效 】

西瓜有开胃、助消化、解渴生津、利尿、祛暑疾、降血压的妙用。此款果汁非常适合高血压老年人饮用，对降低血压有一定帮助。

番石榴胡萝卜汁

| 原料 |

番石榴1/2个　胡萝卜100克　柚子80克　柠檬1个

| 做法 |

①胡萝卜洗净，切块；番石榴洗净，切块；柚子去皮；柠檬洗净，切块。

②将番石榴、柚子、胡萝卜、柠檬放入榨汁机中，搅打成汁即可。

【 营养功效 】

番石榴含有蛋白质、脂肪、糖类、维生素、钙等营养素，可促进消化；胡萝卜有健脾和胃的作用。此款果汁对老年人胃肠道疾病有一定食疗作用。

儿童

　　随着儿童身体生长发育，各部位也逐渐长大，头、躯干、四肢比例发生改变，各系统器官的功能也随年龄增长逐渐发育成熟。但对同一致病因素，儿童与成人的病理反应和疾病过程却有着相当大的差异。

　　面对繁重的课业，考试、升学的压力，儿童的脑力和体力上都有很大的消耗，对于正处于生长发育阶段的他们来说，家长不仅要给他们补充全面的营养，还要缓解他们学习上的压力。在休息的时候给孩子喝上一杯蔬果汁，不仅美味可口，还能补充身体所需的营养，缓解压力，让儿童快乐、健康地成长。

　　儿童宜吃的水果有：苹果、火龙果、葡萄柚、橙子、草莓、葡萄、香蕉、猕猴桃、西瓜、甘蔗等。

　　儿童宜吃的蔬菜有：胡萝卜、莲藕、芹菜、白萝卜、包菜、南瓜等。

苹果西红柿蜂蜜饮

| 原料 |

苹果1个　　西红柿50克　　蜂蜜适量

| 做法 |

①将苹果、西红柿分别洗净，去掉外皮，切成小块。

②将上述材料放入果汁机中，再加入200毫升冷开水、蜂蜜适量，打碎搅匀即可。

　　营养功效

苹果含有多种维生素、膳食纤维等营养成分，能增强记忆力，能促进儿童生长发育；西红柿有明目的功效。儿童常饮此款蔬果汁，有补脑、明目的功效。

莲藕木瓜李子汁

| 原料 |

莲藕30克　木瓜1/4个（80克）　杏30克　　李子适量

| 做法 |

①将莲藕洗净、去皮，木瓜洗净、去皮、去籽，杏、李子洗净、去皮、去核，均以适当大小切块。

②将所有材料放入榨汁机一起搅打成汁，滤出果肉即可。

营养功效

莲藕是滋补的佳品。这款蔬果汁富含维生素C、钙等营养成分，儿童口干舌燥、感冒的时候，喝这款蔬果汁能缓解症状。

包菜苹果蜂蜜汁

| 原料 |

包菜150克　　　　苹果120克　　　蜂蜜10毫升

| 做法 |

①包菜洗净，切碎；苹果去皮、核，洗净，切块。

②将包菜、苹果一起放入榨汁机中，再倒入蜂蜜，榨汁即可。

营养功效

苹果中所含的胡萝卜素是合成维生素A的重要物质，具有明目养肝的作用；包菜能促进消化吸收，增强人体解毒功能。这款果汁适合儿童饮用。

胡萝卜柳橙苹果汁

| 原料 |

胡萝卜1根　柳橙汁100克　苹果1/2个

| 做法 |

①将胡萝卜和苹果洗净，苹果
去皮及核，两者均切块备用。
②把全部材料放入果汁机内，
搅打均匀即可。

营养功效

胡萝卜有排毒、防癌、防治心
血管疾病的功效；柳橙有滋阴
健胃的功效。儿童常饮此款果
汁，可健脾益胃、排毒。

胡萝卜汁

|原料|

胡萝卜200克

|做法|

①胡萝卜洗净，去皮，切段。

②用榨汁机榨出胡萝卜汁，并用冷开水稀释，再把胡萝卜汁倒入杯中即可。

营养功效

胡萝卜含有类胡萝卜素、多种维生素以及多种矿物质，有补肝明目等功效。儿童常饮此款果汁，可提高免疫力。

甘蔗姜汁

| 原料 |

甘蔗200克　　　生姜15克

| 做法 |

①甘蔗洗净去皮，切成小块；生姜洗净，切小块，一同放入榨机中榨成汁。
②将果汁倒入杯中，放入微波炉加热即可。

> 营养功效

甘蔗有清热、生津、润燥等功效；生姜有解毒和温中止呕的功效。此款果汁对儿童腹泻和胃寒呕吐等症有食疗作用，尤其适合儿童夏季食欲不振时饮用。

木瓜蔬菜汁

| 原料 |

木瓜1个　　紫色包菜80克　　鲜奶150克

| 做法 |

①紫色包菜洗净，沥干，切小片；木瓜洗净，去皮，对半切开，去籽，切块入榨汁机中。
②加紫色包菜、鲜奶打匀成汁；滤除果菜渣，倒入杯中即可。

> 营养功效

木瓜中含番木瓜碱、凝乳酶、胡萝卜素等，有促进消化的作用。此款果汁适合食欲不振和消化不良的儿童饮用。

南瓜豆浆汁

| 原料 |

南瓜60克

豆浆3/4杯

果糖适量

| 做法 |

①南瓜去籽，洗净，切小块，排列在耐热容器上，盖保鲜膜，放入微波炉加热1分半钟，至变软。

②南瓜冷却后去皮，与豆浆同入榨汁机中，榨汁后加果糖。

营养功效

南瓜中含有丰富的矿物质，以及儿童必需的组氨酸、叶黄素和磷等成分。此款豆浆有增强儿童机体免疫力的功效。

樱桃草莓汁

| 原料 |

草莓200克

红葡萄250克

红樱桃150克

| 做法 |

①将葡萄、樱桃、草莓洗净，樱桃去核；将葡萄切半；草莓切块，然后与樱桃一起放入榨汁机中榨汁。

②把成品倒入玻璃杯中，加冰块、樱桃装饰即可。

营养功效

此款果汁含有丰富的蛋白质、维生素、铁等成分，对儿童贫血有一定食疗功效。

杨桃柳橙汁

| 原料 |

杨桃2个　柳橙1个　柠檬50克　蜂蜜少许

| 做法 |

①将杨桃洗净，切块，入锅加水熬煮4分钟，放凉；柳橙、柠檬分别洗净，去皮、核，切块，同榨果汁。

②将杨桃入杯，加果汁和蜂蜜一起调匀即可。

> (营养功效)
>
> 杨桃有下气和中、生津消烦的功效，对小儿夜啼有缓解的作用；柳橙可增强免疫力。此款果汁适合儿童夏季饮用。

南瓜胡萝卜橙子汁

| 原料 |

南瓜100克　胡萝卜50克　橙子1个　柠檬1/8个

| 做法 |

①将胡萝卜、柠檬、橙子洗净后去皮，以适当大小切块；南瓜洗净后去皮、籽，切块煮熟。

②将所有材料放入榨汁机一起搅打成汁，滤出果肉即可。

> (营养功效)
>
> 南瓜中含有多种营养素，有促进食欲和理脾健胃的功效；橙子有健胃的作用。此款果汁对儿童厌食症有一定的食疗作用。

🥤 清爽蔬果汁

| 原料 |

西瓜150克　　　白萝卜1个　　　橙子1个

| 做法 |

①西瓜洗净剖开，取肉；白萝卜洗净，去皮，切成条；将橙子洗净去皮，切块。
②将所有材料放入榨汁机中榨汁，装入杯中即可。

营养功效

白萝卜富含大量的植物蛋白、维生素C和叶酸，食入后可洁净血液和皮肤。此款果汁对于儿童皮肤病具有很好的辅助食疗作用，能够帮助康复。

🥤 白梨西瓜苹果汁

| 原料 |

白梨1个　　西瓜150克　　苹果1个　　柠檬1/3个

| 做法 |

①将白梨和苹果洗净，去果核，切块；西瓜洗净，切开，去皮；柠檬洗净，切成块。
②所有材料放入榨汁机榨汁。

营养功效

西瓜中含有大量的蔗糖、果糖、葡萄糖等，有开胃、助消化、解渴生津、利尿的作用；苹果可促进食欲。此款果汁对于儿童食欲不振有很好的食疗功效。

女性

　　炎炎夏日，你最想喝的是什么？当然是清凉甜爽的蔬果汁了。一杯新鲜榨取的蔬果汁，提神、醒脑、抗疲劳。传递美妙口感的同时，更带来了宝贵的健康。

　　每位女性都想拥有水嫩、光滑、紧致的肌肤和曼妙的身材。可时光不等人，女人如何才能常葆青春，是一个永恒的话题。常饮蔬果汁，是最简单而有效的办法，因为蔬果汁中含有多种维生素、有机酸等营养成分。女性每天喝1~2杯果汁，能补充身体所需的养分，排出毒素，帮助延缓衰老。

　　女性适宜吃的水果有：葡萄、杨梅、苹果、梨、西瓜、橘子、柠檬、柿子、草莓、桃子等。

　　女性适宜吃的蔬菜有：苋菜、西红柿、黄瓜、南瓜、胡萝卜、包菜等。

青红葡萄汁

| 原料 |

青葡萄70克　　红葡萄70克

| 做法 |

①将葡萄一一摘下，用水洗净。
②把带皮的葡萄放入果汁机内，搅打均匀。
③把果汁滤出，然后倒入杯中，放入适量冰块即可。

营养功效

青葡萄含有丰富的蛋白质、铁等营养素，有抗病毒的功效；红葡萄含有丰富的葡萄糖，有降低胆固醇、抗衰老的功效。女性常饮此款果汁，可防癌抗癌，降低胆固醇。

杨梅汁

|原料|

杨梅60克

盐少许

|做法|

①将杨梅用清水洗净，取其肉放入榨汁机中，不断地搅匀。

②再将少许盐与杨梅汁搅拌均匀，即可品用。

营养功效

杨梅含丰富的蛋白质、铁、柠檬酸等多种有益成分，具有排毒养颜之功效，并能理气活血、抗衰老、提高机体免疫力。此款果汁特别适合女性饮用。

火龙果苹果汁

|原料|

火龙果50克

苹果1/4个

蜂蜜适量

|做法|

①将火龙果取肉，洗净；苹果洗净，去皮、核，切块。

②将火龙果、苹果放入榨汁机内。

③加入冷开水，搅打成汁，加蜂蜜。

营养功效

蜂蜜具有润燥、解毒和营养心肌的功效；苹果可以减肥轻身，促进排毒，防止便秘。此款果汁可以排毒养颜，非常适合女性饮用。

蜂蜜苦瓜姜汁

| 原料 |

苦瓜50克　　柠檬1/2个　　姜7克　　蜂蜜适量

| 做法 |

①将苦瓜洗净，去籽，切小块备用。

②将柠檬洗净，去皮，切小块；姜洗净，切片。

③将苦瓜、姜、柠檬交错放进榨汁机，榨出汁，加蜂蜜调匀。

营养功效

苦瓜中含有类似胰岛素的物质，有明显的降血糖作用；姜可补气益脾胃。此款蔬果汁特别适合患有糖尿病的女性饮用。

橘子萝卜苹果汁

| 原料 |

橘子1个　　胡萝卜80克　　苹果1个　　冰糖10克

| 做法 |

①将橘子、苹果、胡萝卜分别洗净，去皮，切成小块。

②然后将全部材料放入榨汁机内榨成汁，加入冰糖搅拌均匀即可。

营养功效

橘子中含有丰富的糖类、维生素、食物纤维以及矿物质等，常食对女性健康有益；苹果具有促进排便的功效。此款果汁有排毒养颜之效。

柿子胡萝卜汁

| 原料 |

柿子1个　　　胡萝卜60克　　　柠檬1个

| 做法 |

①将柿子、胡萝卜洗净，去皮，切成小块；柠檬洗净，切片。

②将所有材料榨成汁。

③将冰块加入果菜汁中，搅匀即可。

〉 营养功效 〈

胡萝卜含较多的胡萝卜素、钙等营养物质，有健脾和胃、清热解毒的功效。此款蔬果汁对于女性燥热上火以及脾胃不调有一定的食疗功效，可以常常品饮。

牛奶蔬果汁

| 原料 |

苹果1个　　　油菜100克　　　牛奶适量

| 做法 |

①苹果洗净，去核，切小块；油菜洗净，卷成卷。

②将油菜、苹果入榨汁机中榨成汁，加入牛奶搅匀。

〉 营养功效 〈

牛奶含有优质的蛋白质、容易被人体消化吸收的脂肪及维生素A和维生素D，有润肺、润肠、通便的作用。此款果汁对中老年人，尤其是女性尤为适宜。

干百合桃子汁

| 原料 |

干百合20克 　桃子1/4个 　李子30克 　牛奶200克

| 做法 |

①将桃子和李子分别洗净去皮，去核；干百合泡发后，入沸水中焯一下。

②将桃子、李子以适当大小切块，并和百合、牛奶一起放入榨汁机搅打成汁即可。

营养功效

百合具有滋阴养肺和清心安神的功效；桃子可以解渴、滋润肌肤和护发。此款果汁特别适宜女性饮用，有很好的保健功效。

雪梨李子蜂蜜汁

| 原料 |

雪梨1个 　李子适量 　蜂蜜适量

| 做法 |

①雪梨洗净，去皮、去籽；李子洗净，去皮、去籽。

②将以上材料以适当大小切块，与蜂蜜一起放入榨汁机内搅打成汁，滤出果肉即可。

营养功效

雪梨能清热镇静，减轻疲劳；李子可清除肝热；蜂蜜能润燥、解毒。此款果汁女性饮用能生津止渴，解热镇静。

桔梗苹果胡萝卜汁

| 原料 |

桔梗1根　　苹果汁50克　　胡萝卜1根

| 做法 |

①把桔梗、胡萝卜分别洗净，切成小块。

②把桔梗、胡萝卜、苹果汁倒入果汁机内，搅打均匀即可。

营养功效

苹果中含有多种营养素，具有健脾和胃、促消化的功效。此款果汁具有减肥瘦身的功效，特别适合女性饮用。

美味西红柿芒果汁

| 原料 |

西红柿1个　　　芒果1个　　　蜂蜜少许

| 做法 |

①西红柿洗净，切块；芒果洗净，去皮，去核，将果肉切成小块，和西红柿块一起放入榨汁机中榨汁。

②将汁液倒入杯中，加蜂蜜拌匀。

(营养功效)

西红柿有降低血中胆固醇含量，防治动脉粥样硬化的作用；芒果有润肠通便、降低胆固醇的功效。女性常饮此款果汁，有减肥、预防疾病的功效。

苹果黄瓜汁

| 原料 |

苹果2个　　　黄瓜适量

| 做法 |

①苹果洗净，切成小块；黄瓜洗净，切成小块。

②在果汁机内放入苹果、黄瓜，搅打均匀，把果汁倒入杯中即可。

(营养功效)

苹果能生津止渴；黄瓜能清热解毒，利尿消肿。此款果汁有生津止渴，清热解毒之效，适合女性食用。

玫瑰黄瓜饮

| 原料 |

新鲜黄瓜300克　西瓜350克　鲜玫瑰花50克　蜂蜜少许

| 做法 |

①将西瓜洗净去皮、去籽，切块；黄瓜洗净去皮切块；玫瑰花洗净备用。

②将西瓜、黄瓜、玫瑰花捣碎，再与蜂蜜同入榨汁机中榨汁即可。

> 营养功效

黄瓜是一味可以美容的瓜菜，含有丰富的维生素，经常食用或贴在皮肤上，可有效对抗皮肤老化，减少皱纹的产生。此款果汁是女性美容养颜的最佳选择。

柠檬橘子南瓜汁

| 原料 |

柠檬1个　　　橘子1个　　　南瓜100克

| 做法 |

①柠檬、橘子分别洗净，去皮，切块；南瓜洗净，取肉，切段。

②将柠檬、橘子放入榨汁机榨汁，取出备用；再将南瓜榨成汁，再混合均匀即可。

> 营养功效

鲜柠檬可使皮肤白皙，适合女性食用。此款果汁有美白和养颜的功效。

男性

　　随着生活节奏的加快，作为社会主要成员的男性，每天要面对学习、生活、工作的压力，很容易感到疲劳，继而导致身体上的劳累或情绪失控，最终也可能导致疾病。男性在平时除了要保证饮食平衡，避免营养不良引起的身体虚弱外，还应进行适度的运动，保证充足的睡眠，还要通过饮食来调理身体。平时可多吃一些富含维生素C、B族维生素及蛋白质的食物，如香蕉、苹果、橙子、草莓、菠萝等水果及绿叶蔬菜，有助于工作有效地进行。疲劳时喝一杯蔬果汁，不仅能提神，还能补充人体所需的维生素、矿物质，促进大肠活动，预防疾病。

　　适宜男性吃的水果有：葡萄、哈密瓜、蓝莓、香蕉、苹果、菠萝、橙子等。

　　适宜男性吃的蔬菜有：西红柿、油菜、芹菜、茼蒿、洋葱、苦瓜、西蓝花、白萝卜等。

葡萄哈密瓜蓝莓汁

| 原料 |

葡萄50克　　哈密瓜60克　　蓝莓适量

| 做法 |

①葡萄洗净，去皮、去籽；将哈密瓜洗净，去皮，切成小块；蓝莓洗净备用。
②将所有材料放入榨汁机内搅打成汁即可饮用。

营养功效

哈密瓜含蛋白质、膳食纤维、胡萝卜素、果胶、糖类等营养成分，有抗疲劳的功效。葡萄有美容养颜的功效。男性常饮此款果汁，能抗疲劳。

美味菠萝西红柿蜂蜜汁

| 原料 |

菠萝50克　　西红柿1个　　蜂蜜少许

| 做法 |

①将菠萝洗净，去皮，切成小块。

②将西红柿洗净，去皮，切小块。

③将以上材料倒入榨汁机内，搅打成汁，加入蜂蜜拌匀即可。

> 营养功效

西红柿能解毒护肝、增强免疫力，西红柿中的番茄红素可保护视力；菠萝中的膳食纤维能去油腻，防治便秘。男性饮用本品可缓解眼睛疲劳，防治便秘。

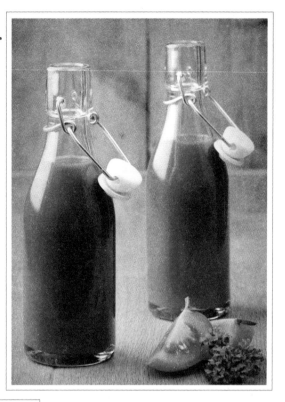

清凉香蕉油菜汁

| 原料 |

香蕉半根　　　油菜1棵

| 做法 |

①将香蕉去皮，切成小块；油菜洗净，切成小段。

②将全部材料放入榨汁机中，榨成汁即可。

> 营养功效

香蕉富含营养，特别适合长时间生活快节奏、高压力、久坐电脑前的白领们食用；油菜能润滑胃部、润肠通便。男性常饮用此款果汁，能缓解疲劳。

香蕉哈密瓜奶汁

| 原料 |

香蕉2根　　哈密瓜150克　　牛奶200克

| 做法 |

①香蕉去皮，切块；哈密瓜洗净，去皮、瓤，切成小块，备用。

②将所有材料放入榨汁机内搅打2分钟即可。

营养功效

香蕉有促进食欲、助消化、保护神经系统的功效；哈密瓜含蛋白质、膳食纤维、胡萝卜素、果胶、糖类等营养成分，有抗疲劳的功效。

西瓜橙子汁

| 原料 |

橙子100克　西瓜200克　蜂蜜适量　红糖少许

| 做法 |

①将橙子洗净，切片；西瓜洗净，去皮，去籽，取西瓜肉。

②将橙子榨汁，加蜂蜜搅匀；西瓜肉榨汁，加红糖，按分层法注入杯中，加冰块即可。

营养功效

橙子有强化免疫系统的作用；西瓜有解酒的功效。此款果汁有增强免疫力之效，尤其适合经常饮酒的男性饮用。

芒果菠萝香蕉汁

原料

芒果1/2个　菠萝100克　香蕉50克

做法

①菠萝、香蕉去皮，洗净，切块；芒果洗净去皮、核，切块。

②把以上水果搅打成汁即可。

营养功效

菠萝能清热解暑、生津止渴。本果汁男性饮用可养肝明目、益气健脾、提神醒脑。

苹果茼蒿蔬果汁

| 原料 |

苹果1/4个　　茼蒿30克　　柠檬少许

| 做法 |

①将苹果、柠檬分别洗净去皮，去核，切成片；将茼蒿洗净，切成段。
②将苹果、茼蒿和柠檬一起放入榨汁机中，榨成汁即可。

营养功效

茼蒿能调节体内水液代谢，通利小便，清除水肿。此款果汁尤其适合患有肾病以及高血压的男性经常饮用，可有效缓解症状。

梨萝卜牛奶汁

| 原料 |

梨10克　白萝卜1/4个　桃子50克　牛奶200克　蜂蜜少许

| 做法 |

①梨、白萝卜分别洗净去皮、切块，与牛奶和洗净后去皮、去核的桃子一起放入榨汁机中。
②榨汁后，调入蜂蜜即可。

营养功效

梨能调节体内的血糖代谢，改善呼吸系统功能，是男性的理想食物。此款果汁尤其适合男性经常饮用，可调节血糖，清心润肺，减轻各种不适症状。

🥤 南瓜菠萝橘子汁

| 原料 |

南瓜150克　菠萝150克　橘子1/2个　蜂蜜30克

| 做法 |

①将橘子洗净，去皮，对切后去籽；南瓜去皮、洗净、去籽，切成小块。
②将菠萝去皮，洗净，取果肉切小块。
③将所有材料放入榨汁机中榨汁，加入冰块即可。

〔 营养功效 〕

橘子可促进通便，降低胆固醇，减轻咳嗽痰多等症状。此款果汁对于男性便秘和痔疮引起的不适症状有很好的食疗作用。

🥤 柿子蜜桃汁

| 原料 |

柿子50克　水蜜桃30克　蜂蜜2汤匙

| 做法 |

①将水蜜桃洗干净去皮、核，备用；柿子洗干净，去外皮，切成小块。
②将所有材料倒入果汁机内，加350毫升冷开水、蜂蜜2汤匙，搅打成汁即可。

〔 营养功效 〕

柿子有解暑止渴、消食止泻之功效，对于男性支气管炎患者有较好的疗效；蜂蜜有补虚、润燥的功效。此款果汁尤其适合吸烟的男性经常饮用。

狝猴桃芒果奶酪

| 原料 |

狝猴桃1个　　芒果100克　　哈密瓜30克　　奶酪130克

| 做法 |

①将芒果、哈密瓜分别洗净，去皮、核，切块。

②狝猴桃洗净，切开取出果肉。

③将芒果、哈密瓜、狝猴桃果肉及奶酪一起放入榨汁机中榨汁即可。

营养功效

狝猴桃有抗菌止泻、通利小便等功效；芒果有补中焦的作用。此款果汁对于男性患有肾病者有很好的食疗作用。

香菇葡萄汁

| 原料 |

干香菇10克　　葡萄120克　　蜂蜜10克

| 做法 |

①香菇洗净，用温水泡发好煮熟备用。

②葡萄洗净，与香菇混合放入榨汁机中搅打成汁。

③加入蜂蜜拌匀即可。

营养功效

香菇中含有人体所必需的多种氨基酸，有补肝肾的作用，尤其适合男性食用；葡萄有缓解腰酸腿痛、小便不利等症的作用。本品对于肾亏肾虚的男性有补益之效。

🥤 柠檬青椒柚子汁

| 原料 |

柠檬1个　青椒50克　白萝卜50克　柚子1/2个

| 做法 |

①柠檬洗净，切块；柚子去皮，去籽；青椒和白萝卜均洗净，切块。

②将柠檬和柚子榨汁，再将青椒和白萝卜放入榨汁机榨汁。

③将蔬果汁混合，加入少许冰块即可。

营养功效

青椒有健胃消食的作用，男性常吃可以强健肌肉；柚子可健脾胃、消食，还具有醒酒的功效。此款果汁特别适合男性饮用。

🥤 蜜汁枇杷综合果汁

| 原料 |

枇杷150克　香瓜50克　菠萝100克　蜂蜜2大匙

| 做法 |

①香瓜洗净，去皮、籽，切成小块；菠萝去皮洗净，切成块；将枇杷洗净，去皮、核。

②将蜂蜜和诸料入榨汁机榨汁即可。

营养功效

枇杷能止咳、润肺、利尿、健胃、清热，对肝脏疾病也有疗效；蜂蜜具有补虚和保护肝脏的作用。此款果汁尤其适合有肝脏疾病的男性患者经常饮用。

孕产妇

怀孕的女人沉浸在将为人母的喜悦，和从未有过的幸福之中。然而，这个特殊的时期，女人的生理和心理也会发生一些变化，比如，有的孕产妇会出现恶心、胃口不佳等症状。孕期多吃菠菜、油菜等富含叶酸的蔬果，有利于胎儿的生长发育。每天喝一杯蔬果汁，不仅可补充母体所需的营养，还能增进孕产妇食欲，减轻孕期的不适反应。

适宜孕产妇吃的水果有：苹果、西瓜、菠萝、葡萄柚、木瓜、柠檬、橘子、梨、草莓等。

适宜孕产妇吃的蔬菜有：西红柿、胡萝卜、荠菜、西蓝花、黄瓜、包菜、菠菜、莲藕等。

西瓜西芹胡萝卜汁

原料

西瓜100克　西芹50克　菠萝100克　胡萝卜100克　蜂蜜少许

做法

①菠萝、胡萝卜削去外皮，洗净切块；西芹洗净，切小段；西瓜洗净，去籽取肉。
②冷开水倒入榨汁机中，将以上原料放入榨汁机中，搅打均匀过滤即可。

营养功效

孕妇在妊娠早期若适逢夏季，吃些西瓜，可生津止渴，除腻消烦，对止吐也有较好的效果。孕产妇经常饮用此款蔬果汁，能补充胎儿的营养。

西红柿柠檬胡萝卜汁

原料

西红柿150克　　胡萝卜1个　　柠檬1/3个

做法

①将西红柿、柠檬以及胡萝卜分别洗净，切好备用。

②将所有原料一起放入榨汁机内，榨汁即可。

营养功效

西红柿富含维生素C及胡萝卜素，能促进铁的吸收；柠檬味酸，对孕期的呕吐能起到很好的止吐效果。这款蔬果汁能防止孕期钙的流失，适合孕期女性饮用。

柠檬南瓜葡萄柚汁

原料

柠檬1个　　南瓜100克　　葡萄柚1个

做法

①将柠檬洗净连皮切成块；葡萄柚洗净，去皮；南瓜洗净去皮取肉，切段。

②将柠檬、葡萄柚、南瓜放入榨汁机榨汁即可。

营养功效

柠檬味酸，能补充人体所需的维生素C。此款果汁富含多种维生素，能为胎儿补充营养。

金橘番石榴鲜果汁

| 原料 |

金橘8个　番石榴1/2个　苹果50克　蜂蜜少许

| 做法 |

①将番石榴洗净，切块；苹果洗净，切块；金橘洗净，切开，都放入榨汁机中。

②将冷开水、蜂蜜加入杯中，与上述材料一起搅拌成果泥状，滤出果汁。

营养功效

番石榴营养丰富，含有蛋白质、铁等；番石榴能够起到补充营养的功效。此款果汁特别适合孕产妇饮用。

桃子橘子汁

| 原料 |

桃子1/2个　橘子1个　温牛奶300克　蜂蜜1小勺

| 做法 |

①将橘子去皮，撕成瓣；桃子洗净去皮，去核，以适当大小切块。

②将所有材料放入榨汁机一起搅打成汁，滤出果肉。

营养功效

桃子有解劳热、润肠、生津、止渴、活血之功效，能润肠通便，缓解孕产妇便秘等症状。此款果汁特别适合女性孕期饮用。

橘子菠萝汁

| 原料 |

橘子1个　　菠萝50克　　薄荷叶1片　　陈皮1克

| 做法 |

①将橘子去皮，撕成瓣；菠萝去皮，洗净，切块；陈皮泡发；薄荷叶洗净。
②将所有材料放入榨汁机一起搅打成汁，滤出果肉即可。

> **营养功效**
>
> 菠萝有解暑止渴、消食止泻之功效，特别适合孕产妇夏季烦热，食欲不振时食用。孕产妇常常适量饮用此款果汁对身体大有好处。

鲜榨葡萄汁

| 原料 |

葡萄1串　　　葡萄柚1/2个

| 做法 |

①将葡萄柚去皮；葡萄洗净去籽。
②将材料以适当大小切块，放入榨汁机一起搅打成汁。
③用滤网把汁滤出来即可。

> **营养功效**
>
> 葡萄为补血佳品，可舒缓神经衰弱和疲劳过度，同时还能改善腰酸腿痛、面浮肢肿等症。此款果汁能够缓解孕产妇在孕期的多种不适症状，可常饮用。

蜜桃汁

| 原料 |

蜜桃1个　梨100克　胡萝卜200克　木瓜50克　蜂蜜适量

| 做法 |

①将蜜桃洗净，去核，切块；梨、木瓜洗净，去皮、核，切小块；胡萝卜洗净去皮，切块。

②诸料与蜂蜜同入榨汁机榨汁即可。

营养功效

蜜桃有补心、解渴和生津之效。其所含纤维素能够促进肠胃蠕动，增加食欲。此款果汁适合孕产妇消化不良时饮用，有很好的缓解症状的功效。

草莓香瓜汁

| 原料 |

草莓5颗　香瓜1/2个　果糖3克

| 做法 |

①草莓去蒂，洗净，切小块；香瓜洗净后去皮，去籽，切小块。

②将所有材料与冷开水一起放入榨汁机中，榨成汁，再加入果糖调味即可。

营养功效

草莓有润肺生津、健脾和胃、利尿消肿、解热祛暑之功效，还能够帮助孕产妇缓解便秘的症状；香瓜具有清热的功效。此款果汁特别适合上火和便秘的孕妈妈饮用。

柳橙柠檬蜂蜜汁

| 原料 |

柳橙2个　　柠檬1个　　蜂蜜适量　　梨50克

| 做法 |

①将柳橙洗净，切半，入榨汁机榨出汁，倒出。

②将柠檬洗净后切片，梨洗净后去皮切片，再一起放入榨汁机中榨成汁。

③将柳橙汁与柠檬汁及蜂蜜混合拌匀。

营养功效

蜂蜜有润燥、补虚的功效；柳橙有健脾、助消化的作用。此款果汁有助于强化免疫力系统，帮助孕产妇提高机体免疫力。

柠檬香瓜汁

| 原料 |

柠檬1个　　柳橙1个　　香瓜1个

| 做法 |

①将柠檬洗净，切块；柳橙去皮、籽，切块；香瓜洗净，切块。

②将柠檬、柳橙、香瓜放入榨汁机挤压成汁，向果汁中加少许冰块，再依个人口味调味。

营养功效

柳橙能帮助孕产妇缓解食欲不振和厌食的症状；香瓜可消暑解热。此款果汁适合孕产妇在夏季适量饮用，能够促进食欲。

胡萝卜蔬菜汁

| 原料 |

胡萝卜150克　油菜60克　白萝卜60克　柠檬1个　苹果1/2个

| 做法 |

①胡萝卜洗净，切成细长条；油菜洗净，择去黄叶；白萝卜洗净，切成细长条；苹果、柠檬洗净，切小块。

②将所有材料放入榨汁机内加冷开水榨成汁即可。

> 营养功效

胡萝卜营养丰富，有杀菌作用，能够帮助孕产妇预防病毒入侵。此款蔬果汁适合孕期妇女饮用。

薄荷黄瓜雪梨汁

| 原料 |

黄瓜150克　　雪梨200克　　薄荷10克

| 做法 |

①将黄瓜洗净，去瓤，切块；雪梨洗净，去皮、核，切块；薄荷洗净，切碎。

②将以上材料一同放入榨汁机中榨汁，倒入杯中，加蜂蜜调味即可。

> 营养功效

雪梨有润燥滑肠、通乳的作用；黄瓜有清热解毒、美化肌肤的作用；薄荷能化痰、助消化。此款蔬果汁适合孕期妇女和产后妈妈饮用。

Part 6

爱美女性专属蔬果汁

　　相对男性群体，女性朋友在日常生活中总会较多关注健康养生方面的知识。女性保健主要分为三个阶段，分别是青春期、孕产期以及更年期，而不管是处于哪个时期，都需要注意平日里的美容养颜问题。

　　本章将从美白护肤、补血养颜、纤体瘦身、除斑祛皱四个方面入手，为不同时期的爱美女性介绍多款营养均衡的蔬果汁，为女性朋友们的健康养颜保驾护航。

美白护肤

常言道："一白遮三丑。"晶莹剔透的肤色，能令人焕发亮丽神采。可是，如何才能不依赖化妆品，而拥有亮白健康的肌肤，是众多女性面临的普遍难题。彩妆在带来美丽的同时，或多或少会损害肌肤。加之新陈代谢紊乱、作息不规律等，久而久之，就会在肌肤上留下斑点、暗沉等痕迹。

那么，爱美的女性为何不试试从身体内部调理肌肤呢？每天一杯蔬果汁，补充身体所需的多种营养，由内而外改善气色。坚持长期饮用，你也可以拥有亮白无瑕的肌肤。

具有美白护肤功效的水果有：猕猴桃、橙子、柠檬、苹果、草莓等。

具有美白护肤功效的蔬菜有：黄瓜、西红柿、小白菜、菠菜、胡萝卜、白萝卜等。

🥤 芹菜胡萝卜苹果汁

| 原料 |

胡萝卜50克　芹菜50克　苹果1/4个　柠檬1/4个　薄荷叶适量

| 做法 |

①将胡萝卜洗净，去皮切丁；芹菜洗净切段；苹果去皮洗净，切块；柠檬洗净切块；薄荷叶洗净。

②将以上材料放入榨汁机一起搅打成汁，滤出果肉，最后用薄荷叶点缀即可。

> **营养功效**
>
> 芹菜有降脂、降胆固醇的功效；胡萝卜有美白护肤、补血养颜的功效。此款蔬果汁有补血养颜、美白护肤的功效。

芹菜西红柿柠檬饮

| 原料 |

西红柿2个　　芹菜少许　　柠檬1个

| 做法 |

①将西红柿洗净，切成小块。
②将芹菜取叶；柠檬洗净，切片。
③将西红柿、柠檬放入榨汁机内榨汁，再放上芹菜叶点缀即可。

> 营养功效

常吃西红柿能使皮肤细滑白皙，还可延缓衰老。常饮此款蔬果汁，能整体提升肤质，排除体内毒素，提亮肤色。

菠萝苹果葡萄柚汁

| 原料 |

菠萝200克　苹果1个　葡萄柚半个　柠檬半个　蜂蜜适量

| 做法 |

①葡萄柚、柠檬洗净去皮切块，入榨汁机中榨汁。
②菠萝、苹果洗净切小块，入榨汁机中榨汁，滤出果汁。
③将两种果汁混合，加蜂蜜、冰块即可。

> 营养功效

苹果有安眠养神、消食化积的功效；菠萝能改善局部的血液循环，消除炎症和水肿。此款果汁能美白肌肤。

美味黄瓜梨汁

原料

黄瓜2根

梨1个

蜂蜜适量

做法

①将黄瓜洗净，切块；梨洗净，去皮、核，切小块备用。

②将黄瓜、梨一起放入榨汁机中榨成汁，再加入蜂蜜，调匀即可。

营养功效

黄瓜中含有丰富的维生素C，有美白功效，有助于肌肤增白；梨含有维生素A原，能促进肌肤代谢。常饮这款蔬果汁，能让肌肤光滑、白皙。

西红柿香蕉石榴汁

原料

西红柿1个

香蕉1个

石榴200克

蜂蜜少许

做法

①将西红柿用清水洗净，切成块；香蕉去皮，切段；石榴取肉，洗净。

②将所有材料放入榨汁机内，搅打成汁后倒入杯中饮用即可。

营养功效

西红柿可淡化色斑，美白肌肤；石榴含有铁、铜、维生素C、蛋白质等营养成分，能使皮肤保持光滑和丰满。常饮用此款蔬果汁，能美容养颜。

西红柿沙田柚蜂蜜汁

| 原料 |

沙田柚半个　　西红柿2个　　蜂蜜适量

| 做法 |

①将沙田柚洗净，取肉榨汁。

②将西红柿洗净，切块，与沙田柚汁同入榨汁机内榨汁。

③加适量蜂蜜于汁中即可。

营养功效

西红柿有美容效果，可延缓衰老；沙田柚含有维生素C等营养成分，能清热解毒。此款蔬果汁具有美白护肤的功效。

胡萝卜青提汁

| 原料 |

苹果300克　　青提子100克　　胡萝卜1/2个

| 做法 |

①将苹果洗净，去皮、核，切块；胡萝卜洗净，切段；青提子洗净，去核，取肉。

②将以上材料入榨汁机内榨汁即可。

营养功效

苹果含有丰富的维生素C，能淡化和分解已经形成的黑色素，美白皮肤；柠檬可促进肌肤的新陈代谢，抑制色素沉着。此款果汁可淡化色斑，美白肌肤。

西红柿蜂蜜汁

| 原料 |

西红柿2个　　蜂蜜30克

| 做法 |

①将西红柿用清水洗净，去蒂后切成大小均匀的块。

②将西红柿及蜂蜜放入榨汁机中，以高速搅打1分半钟即可。

营养功效

蜂蜜中含有维生素B_6和乙酰胆碱，可促进皮肤代谢，使皮肤有光泽、细腻而富有弹性。此款果汁有美白养颜、抑制黑色素的作用。

哈密瓜黄瓜马蹄汁

| 原料 |

哈密瓜300克　　黄瓜2条　　马蹄200克

| 做法 |

①将哈密瓜洗净，去皮、籽，切成小块。
②将黄瓜洗净，切成小块；马蹄洗净，去皮。
③将所有材料一起放入榨汁机内，搅成汁即可。

营养功效

黄瓜含有丰富的维生素C，能抑制黑色素形成；哈密瓜可增强细胞抗防晒的能力，减少皮肤黑色素的形成。此款果汁有美容养颜的功效。

草莓水蜜桃菠萝汁

| 原料 |

草莓6颗　　水蜜桃50克　　菠萝80克

| 做法 |

①将草莓洗净；水蜜桃洗净，去皮、核后切成小块；菠萝去皮，洗净，切块。
②将所有材料放入榨汁机内，搅打均匀即可。

营养功效

草莓含糖量高达6%~10%，并含有果酸、维生素及矿物质，常食可使皮肤清新、平滑，避免色素沉着。此款果汁可美白嫩肤，使皮肤光滑有弹性。

🥤 黄瓜苹果姜汁

| 原料 |

黄瓜1/2根　青苹果1/2个　姜片3克　柠檬1/4个

| 做法 |

①将青苹果洗净，去皮、籽，切块；黄瓜洗净，去皮后切块备用。

②将柠檬洗净后榨汁。

③将柠檬汁以外的材料放进榨汁机中榨汁，再加柠檬汁混合即可。

营养功效

苹果可消除皮肤雀斑、黑斑，保持皮肤细嫩红润；黄瓜可清热生津、美容养颜。此款果汁可消除雀斑，美白肌肤。

🥤 黄瓜芥蓝芹菜汁

| 原料 |

黄瓜1/2根　芥蓝150克　芹菜20克　蜂蜜适量

| 做法 |

①将黄瓜洗净，去皮，切条；芥蓝择净，清洗后切段。

②将芹菜去叶，洗净，切小段。

③将所有材料放入榨汁机中榨汁即可。

营养功效

芹菜对面部皮肤有滋润、营养、防晒、美白的功效；黄瓜有清热生津、强身健体的功效。此款果汁可使肌肤嫩白，有光泽。

白萝卜汁

| 原料 |

白萝卜50克　　蜂蜜20克　　醋适量

| 做法 |

①将白萝卜洗净，去皮，切成大小均匀的细丝，备用。

②将白萝卜、蜂蜜、醋倒入榨汁机中，加冷开水搅打成汁即可。

> **营养功效**
>
> 白萝卜中维生素C的含量丰富，能抑制黑色素形成，此外，白萝卜还有保护肠胃、增强免疫力的功效。此款果汁可使皮肤白皙、细腻。

胡萝卜红薯南瓜汁

| 原料 |

胡萝卜70克　　红薯50克　　南瓜25克　　蜂蜜1小勺

| 做法 |

①将红薯洗净，去皮，煮熟；胡萝卜洗净，带皮使用；南瓜洗净，去皮、籽，均以适当大小切块。

②将所有原料放入榨汁机一起搅打成汁，滤出果肉即可。

> **营养功效**
>
> 红薯不仅能抑制黑色素的产生，还能抑制肌肤老化，保持肌肤弹性；胡萝卜可使皮肤白皙红润。此款果汁可使皮肤细腻动人。

纤体瘦身

　　每个女人都想拥有匀称的身材，不多一分赘肉，不少一分健康。要想达到这样的目的，女性朋友就需要在日常生活中更加注意对自身的健康调节，其中最重要的当然是采取"合理运动+控制饮食"的方法。只要养成了健康合理的生活方式，就不怕瘦不下来。

　　蔬果是女性朋友纤体瘦身时最注重的两类食物，既可以为身体补充营养，又不像肉类食物一样容易增加脂肪含量。选择合适的蔬菜和水果进行搭配，调配成营养又健康的蔬果汁，是想纤体瘦身女性的最佳选择。

　　有纤体瘦身功效的水果有：苹果、桃子、香蕉、西瓜、柠檬、火龙果、猕猴桃、葡萄、芒果、石榴、桑葚、樱桃、橙子、木瓜、橘子、菠萝、柚子等。

　　有纤体瘦身功效的蔬菜有：黄瓜、苦瓜、冬瓜、西蓝花、西红柿、红薯、山药、胡萝卜、白萝卜、芹菜、菠菜、包菜、小白菜、土豆、莲藕、竹笋等。

草莓石榴菠萝汁

| 原料 |

草莓5颗　　石榴1个　　菠萝300克　　柠檬适量

| 做法 |

①将草莓洗净去蒂；石榴取肉；菠萝去皮，洗净，切小块，留一小部分备用；柠檬洗净，切块。

②将所有原料榨汁，再加入菠萝肉。

营养功效

草莓能清暑解热，生津止渴，利尿止泻；石榴含有维生素C、糖类、蛋白质、钙、磷、钾，能生津止渴，收涩止泻。此款果汁可美白护肤，排毒瘦身。

草莓牛奶萝卜汁

原料

草莓3颗

白萝卜100克

牛奶100克

做法

①将草莓用清水洗净，去蒂；白萝卜用清水洗净，去皮切小丁。

②将所有原料倒入榨汁机中榨汁。

③最后将蔬果汁倒入杯中即可饮用。

营养功效

草莓能明目养肝、防癌；白萝卜有防癌抗癌、美容养颜的功效。将草莓、牛奶、白萝卜合榨为汁，可起到美白护肤、纤体瘦身的作用。

黑加仑草莓汁

原料

黑加仑15颗

草莓4颗

做法

①将黑加仑洗净。

②将草莓洗净，去蒂。

③将黑加仑、草莓一起放入榨汁机中，榨取汁液后，倒入杯中饮用即可。

营养功效

黑加仑能保护牙齿，延缓衰老，补血补气；草莓含有胡萝卜素、维生素、镁、铁等成分，能延缓衰老，排除毒素。此款果汁，可延缓衰老，排毒瘦身。

薄荷黄瓜汁

| 原料 |

黄瓜1根

薄荷叶适量

| 做法 |

①将黄瓜洗净，去皮，切丁备用；将薄荷叶洗净备用。

②将黄瓜和薄荷叶放入榨汁机中榨汁；最后倒入杯中即可。

营养功效

黄瓜能抗肿瘤，抗衰老，减肥强体，健脑安神，降血糖；薄荷能起到提神健脑、美容养颜的作用。此款果汁，可健脑安神，排毒瘦身。

菠萝姜汁

| 原料 |

菠萝半个

生姜2片

| 做法 |

①将菠萝去皮，洗净，切成小块。

②将生姜洗净，去皮切细粒。

③将所有材料放入榨汁机中，榨成汁即可饮用。

营养功效

菠萝能美白肌肤、清理肠胃；生姜富含胡萝卜素、维生素A、维生素C、钾、钠、钙，能开胃健脾、延缓衰老、杀菌解毒。此款果汁，可补血益气、纤体瘦身。

草莓蜜桃苹果汁

| 原料 |

草莓3颗　水蜜桃1/2个　苹果1/2个　奶油适量

| 做法 |

①将草莓、苹果洗净，草莓去蒂，苹果切块。

②把水蜜桃洗净切半，去核，切小块。

③把所有材料放入榨汁机内，搅打均匀后入杯，放上奶油即可。

营养功效

草莓能明目养肝，润肺生津，利尿消肿；水蜜桃能养阴生津，润肠止渴。此款果汁，可排毒养颜，纤体瘦身。

牛蒡芹菜汁

| 原料 |

牛蒡2根　　芹菜2根　　蜂蜜少许

| 做法 |

①将牛蒡洗净，去皮，切块备用。

②将芹菜洗净，去叶后备用。

③将上述材料与冷开水一起放入榨汁机中，榨成汁后，加入蜂蜜，拌匀即可饮用。

营养功效

芹菜可刺激胃肠蠕动，促进排便。此款果汁尤其适合肥胖症和需要瘦身的女性经常饮用，具备很好的纤体瘦身的功效。

芹菜柠檬汁

| 原料 |

芹菜80克 生菜40克 柠檬1个 蜂蜜少许

| 做法 |

①将芹菜、生菜洗净，切段；柠檬洗净后连皮切成三块。

②将所有材料放入榨汁机内，榨出汁，加入蜂蜜拌匀即可。

营养功效

芹菜能促进排便、瘦身纤体；柠檬能美白、排毒。此款果汁具有排毒养颜和瘦身的作用，经常饮用能够帮助女性塑形。

🥛 白萝卜芹菜洋葱汁

|原料|

洋葱50克　白萝卜1个　芹菜1棵　蜂蜜适量

|做法|

①洋葱去皮，洗净，切丁；白萝卜洗净，去皮，切块；芹菜洗净，切段。

②将诸料入榨汁机榨汁即可。

营养功效

白萝卜能抑制黑色素合成，阻止脂肪氧化，防止脂肪沉积；洋葱有明显的杀菌功效。此款果汁能防癌抗癌、纤体瘦身。

甘苦汁

| 原料 |

苦瓜100克

莴笋200克

蜂蜜3克

| 做法 |

①苦瓜去籽，洗净，切片；莴笋去皮，洗净，切片。

②将已切好的蔬果放入榨汁机中，搅打成汁。

③将蜂蜜放入果汁中，搅匀即可。

营养功效

苦瓜能促进糖分分解，使过剩的糖分转化为热量，从而改善体内的脂肪平衡。本品能瘦身纤体，适合有肥胖困扰的女性饮用。

梨柚汁

| 原料 |

梨1个

柚子1/2个

蜂蜜1大匙

柠檬1片

| 做法 |

①将梨洗净，去皮、核，切成块；柚子去皮，切成块；将梨和柚子放入榨汁机内，榨出汁液。

②加入蜂蜜搅匀，放入柠檬片即可。

营养功效

柚肉中含有非常丰富的维生素C以及类胰岛素等成分，故有降血糖、降血脂、减肥、美肤养容等功效。此款果汁具备良好的纤体瘦身功效。

苦瓜苹果牛奶

| 原料 |

苦瓜200克　苹果1个　鲜奶120克　蜂蜜30克

| 做法 |

①将苦瓜洗净，对切开，去籽，切小块。

②将苹果洗净，去皮、籽，切小块。

③将所有材料放入榨汁机中榨汁。

| 营养功效 |

苹果是天然健康圣品，而且食用苹果能够降低过旺的食欲，有利于减肥。此款果汁具有纤体瘦身的保健作用，适合大多数的肥胖人士经常饮用。

苹果菠萝桃汁

| 原料 |

苹果1个　菠萝300克　水蜜桃1个　柠檬1/2个

| 做法 |

①将水蜜桃、苹果、菠萝去皮，洗净，水蜜桃去核，均切小块，入盐水中浸泡；柠檬洗净，切片。

②将所有的原材料放入榨汁机内，榨成汁即可。

| 营养功效 |

水蜜桃具有润肠通便的作用；苹果也具备良好的瘦身功效。此款果汁具有纤体和瘦身、塑形的保健作用。

补血养颜

　　由于女性体质具有特有的属性，所以经常会引起一些常见的气血问题，比如，女性缺铁性贫血、痛经、白带异常等，都容易导致女性气血两虚。

　　在日常生活中，女性朋友除了应适当进行运动锻炼，保持良好的作息规律外，还需要特别注意日常饮食的均衡，趋利避害，才不至于加重负担。作为家庭主妇的女性朋友，可以将经常食用的蔬菜水果搭配起来，调成蔬果汁饮用；而由于工作繁忙不能精细调理身体的女性工作者，蔬果汁更是其简单快捷的营养补充方式。

　　具有补血养颜功效的水果有：猕猴桃、葡萄、牛油果、香蕉、橙子、火龙果、石榴、樱桃、柚子、梨、草莓、桑葚、柠檬、桂圆、红枣、杨桃、黑加仑等。

　　具有补血养颜功效的蔬菜有：玉米、油菜、南瓜、胡萝卜、包菜、菠菜、西红柿、小白菜、娃娃菜、丝瓜等。

黑加仑牛奶汁

原料

黑加仑10克

牛奶适量

做法

①将黑加仑用清水洗净，再放入榨汁机中。

②将牛奶倒入榨汁机中，和黑加仑一起榨取汁液后取出，倒入杯中即可饮用。

营养功效

黑加仑能坚固牙龈，保护牙齿，保护肝功能，延缓衰老；牛奶能强健骨骼，美容养颜，防癌抗癌。黑加仑、牛奶合榨为汁，有补益气血、提升肤质的功效。

南瓜胡萝卜橘子汁

| 原料 |

南瓜100克　胡萝卜150克　橘子1个　鲜奶200克

| 做法 |

①将南瓜洗净，去皮、瓤切块，入锅煮软。

②将橘子洗净去皮；胡萝卜洗净，削皮，切小块。

③将所有原料放入榨汁机内榨汁即可。

> 营养功效
>
> 南瓜能补血益气，防治夜盲症，中和致癌物质；橘子能降低胆固醇，对抗衰老。此款果汁，能美容养颜，美白护肤。

玉米汁

| 原料 |

玉米2个

| 做法 |

①将玉米去玉米须后，用清水洗净，再将玉米粒一粒一粒取下备用。

②将玉米粒放入锅中煮熟，凉凉，再入榨汁机中榨汁，倒入杯中饮用。

> 营养功效
>
> 玉米含有丰富的叶酸、β-胡萝卜素、硒、钾、镁，有健脾益胃、美容养颜、防止动脉硬化、降血糖的功效，常饮此款果汁，可补血养颜、延缓衰老。

西红柿酸奶

| 原料 |

西红柿100克　　酸奶300克

| 做法 |

①将西红柿用清水洗干净，去掉蒂，切成小块。

②将切好的西红柿和酸奶一起放入榨汁机内，搅拌均匀即可。

| 营养功效 |

西红柿具有健胃消食和防止贫血的功效，而且西红柿还有美容效果，常吃具有使皮肤细滑白皙的作用，可延缓衰老。此款果汁具有补血养颜的功效。

西红柿芹菜优酪乳

| 原料 |

西红柿100克　　芹菜50克　　优酪乳300克

| 做法 |

①将西红柿洗净，去蒂，切小块。

②将芹菜洗净，切碎。

③西红柿、芹菜、优酪乳一起入榨汁机榨汁，搅拌均匀即可。

| 营养功效 |

芹菜具有凉血止血的功效；西红柿具有防止贫血和养颜的作用；优乳酪可促进肠胃蠕动和消化。此款果汁是女性美颜和补血的健康之选，可常饮用。

🥛 狝猴桃汁

| 原料 |

狝猴桃3个

柠檬1片

| 做法 |

①狝猴桃洗净，去皮，切块。

②在榨汁机中放入狝猴桃和冰块，搅打均匀，再倒入杯中，用柠檬片装饰即可。

> ◆ 营养功效 ◆
>
> 狝猴桃能排毒，抗衰老。此款果汁可排毒瘦身，美白肌肤。

胡萝卜石榴汁

原料

石榴100克　　胡萝卜30克　　圣女果1个　　柠檬适量

做法

①胡萝卜洗净，去皮；圣女果洗净；石榴洗净，去皮，取籽；柠檬洗净切块。
②将石榴、胡萝卜、圣女果切块，放入榨汁机与柠檬、冰水同榨汁即可。

营养功效

胡萝卜对人体具有多方面的保健功能；圣女果具备了补血和养颜美容的功效。此款果汁非常适宜女性美容饮用，尤其适合贫血患者经常饮用，对健康有益。

包菜桃子汁

原料

包菜100克　　水蜜桃1个　　柠檬1个

做法

①将包菜叶洗净，切片；水蜜桃洗净，对切后去掉核；柠檬洗净，切片。
②将包菜、水蜜桃、柠檬放进榨汁机，压榨出汁即可。

营养功效

包菜具有润脏腑和增进食欲的功效；水蜜桃具有促消化和补血美容功效。此款果汁具有改善皮肤问题和美容养颜的作用。

西红柿西瓜柠檬饮

|原料|

西瓜150克　　西红柿1个　　柠檬1/4个量

|做法|

①将西瓜、西红柿洗净后去皮，均切适当大小的块；柠檬洗净切块。

②将所有材料放入榨汁机一起搅打成汁，滤出果肉即可。

> **营养功效**
>
> 西红柿具有补血和美容的作用；西瓜具有滋补身体的功效；柠檬可使皮肤白皙，具有美白美颜的作用。此款果汁能补血、美颜，可以经常适量饮用。

菠萝西红柿汁

|原料|

菠萝50克　西红柿1个　柠檬1/2个　蜂蜜少许

|做法|

①将菠萝洗净，去皮，切成小块。

②将西红柿洗净，去皮，切小块；柠檬洗净，切片。

③将以上材料倒入榨汁机内，搅打成汁，加入蜂蜜拌匀即可。

> **营养功效**
>
> 菠萝能改善血液循环；西红柿具有美容功效。此款果汁具有补血和美容的保健作用，可以经常适量饮用。

除皱祛斑

女人是美丽的代名词，拥有迷人白皙的面孔是每一个女人的梦想。爱美之心人皆有之，随着岁月的流逝，女人脸上总会有不同的变化。25岁以前，女人的美丽靠女性激素，25岁以后，只有靠坚持不懈的保养。

除了日常护肤外，平时多喝些富含维生素C、维生素E和β-胡萝卜素等抗氧化物质的蔬果汁，能够防止和减少皱纹的产生。此外，多饮用富含有机酸、胡萝卜素、多种维生素的蔬果汁，对除痘祛斑有很好的效果。

具有除皱祛斑功效的水果有：苹果、桃子、香蕉、西瓜、柠檬、橘子、橙子、草莓、猕猴桃、木瓜、葡萄、石榴、火龙果、山竹、樱桃、柚子、桑葚、哈密瓜等。

具有除皱祛斑功效的蔬菜有：胡萝卜、白萝卜、黄瓜、丝瓜、西蓝花、西红柿、红薯、山药、青椒、茭白、西葫芦、小白菜等。

🥤 胡萝卜木瓜菠萝饮

| 原料 |

胡萝卜100克

木瓜100克

菠萝100克

| 做法 |

①木瓜洗净，去皮、核，切块，浸泡在盐水中；胡萝卜洗净，切块；菠萝洗净，取肉，切片。

②将胡萝卜、木瓜和菠萝放入榨汁机中榨成汁即可。

> **营养功效**
>
> 胡萝卜可清除导致人体衰老的自由基；木瓜能延缓衰老。这款蔬果汁能滋润皮肤、除皱、抗衰老，经常饮用，效果更佳。

芹菜提子汁

| 原料 |

莴笋200克

提子100克

芹菜适量

| 做法 |

①将提子洗净，去蒂备用；芹菜择净，切成小段；莴笋去皮、洗净、取肉、切块。
②将所有原料放入榨汁机中榨汁即可。
③最后将蔬果汁倒入杯中。

> 营养功效

芹菜能镇静安神、养血补虚；提子中含有葡萄糖、钙、钾、磷、铁、维生素C、氨基酸，能对抗衰老、护肤除斑。此款果汁，可补血益气，改善肤质。

南瓜柳橙汁

| 原料 |

南瓜100克

柳橙1/2个

| 做法 |

①南瓜洗净，去皮、去籽，切块蒸熟。
②柳橙洗净去皮，切成小块。
③南瓜、柳橙倒入榨汁机榨成汁，最后倒入杯中即可饮用。

> 营养功效

南瓜可使大便通畅、肌肤丰润，有美容的功效；柳橙含有丰富的维生素C和维生素E，能防止细胞老化，防衰老。经常饮用此款果汁，能滋润肌肤，祛斑消肿。

🥤 山药冬瓜玉米汁

| 原料 |

山药80克　玉米1根　冬瓜60克　苹果1/4个

| 做法 |

①将山药去皮，洗净切丁；苹果洗净去核，切丁；冬瓜去皮、籽，洗净后切块；玉米洗净，取玉米粒。

②将所有材料放入榨汁机一起搅打成汁即可。

营养功效

山药有滋润肌肤、养颜的功效；冬瓜能减少黑色素的形成；苹果有助于提高抗病能力。此款果汁能延缓衰老，淡化色斑。

🥤 柳橙玉米汁

| 原料 |

柳橙1个　　玉米1根　　柠檬2个

| 做法 |

①将柳橙洗净去皮，切块；玉米洗净，取玉米粒备用；柠檬洗净，去皮，切片。

②将所有原料放入榨汁机榨汁。

③最后将蔬果汁倒入杯中即可饮用。

营养功效

柳橙能清燥热，对抗衰老；柠檬含有维生素C、B族维生素、钙、磷、铁，能除皱护肤，延缓衰老。此款果汁，可祛斑除皱，美容养颜。

西瓜柳橙汁

| 原料 |

西瓜200克　　柳橙1个

| 做法 |

①把西瓜洗净去皮、籽，切块。
②柳橙洗净，去皮。
③把西瓜与柳橙放入果汁机中，搅打均匀即可。

营养功效

柳橙可以滋脾健胃，柳橙中丰富的膳食纤维还有除皱祛斑、美白护肤的功效。此款果汁非常适合女性朋友饮用。

西蓝花荠菜奶昔

| 原料 |

西蓝花150克　荠菜100克　柠檬1/2个　鲜奶240克

| 做法 |

①将西蓝花洗净，切块。

②将荠菜洗净，切小段；柠檬洗净，切片。

③将所有材料倒入榨汁机内，搅打2分钟即可。

营养功效

西蓝花能减少黑色素的形成；柠檬有抗氧化的作用，还能延缓衰老。此款果汁能改善肌肤，淡化色斑。

西红柿甜椒果汁

| 原料 |

西红柿2个　　甜椒2个　　胡萝卜100克

| 做法 |

①西红柿洗净去皮，切碎，入榨汁机。

②将甜椒洗净去核切碎；胡萝卜洗净去皮，切块，放入榨汁机中。

③榨取汁液，倒入杯中饮用。

营养功效

西红柿能防衰老，防癌，退高烧；甜椒富含维生素A、B族维生素、维生素C，能护肤除斑，对抗衰老，抗癌抗瘤。此款果汁，可除皱祛斑，美容养颜。

哈密瓜巧克力汁

| 原料 |

哈密瓜200克   巧克力适量   薄荷叶适量

| 做法 |

①将哈密瓜洗净去皮、瓤，切成均匀小块；巧克力切丝备用；薄荷叶洗净。
②将哈密瓜入榨汁机榨汁后倒入杯中。
③将巧克力丝洒在果汁上，用薄荷叶点缀即可用。

> 营养功效

哈密瓜有利小便、止渴、除烦热、防暑气、美白护肤的功效。此款果汁可延缓衰老，除皱祛斑。

香蕉荔枝哈密瓜汁

| 原料 |

荔枝5颗   香蕉2根   哈密瓜150克   脱脂牛奶200克

| 做法 |

①将香蕉去皮，切块；荔枝去皮、核，洗净；哈密瓜洗净，去皮，去瓤，切块备用。
②将所有材料放入榨汁机内搅打2分钟即可。

> 营养功效

香蕉能抑制黑色素的形成；哈密瓜能抑制皮肤色素沉积；牛奶可以对皮肤产生美容效果。此款果汁能淡化色斑，延缓衰老。

美味提子芦笋苹果汁

| 原料 |

青提150克　　芦笋100克　　青苹果1个

| 做法 |

①将青提洗净，剥皮，去籽；青苹果去皮和核，切块；芦笋洗净，切段。

②将青苹果、青提、芦笋放入榨汁机中，榨汁即可。

营养功效

青提有益气补血的功效；青苹果不仅能延缓衰老，还能改善肌肤干燥及其他肌肤问题；芦笋有缓解衰老的功效。常饮用此款果汁，能美容养颜，提亮肤色。

苹果木瓜薄荷汁

| 原料 |

木瓜50克　　苹果1个　　薄荷叶2片

| 做法 |

①将木瓜洗净去皮、去籽，挖出果肉；苹果洗净去皮、核，切块；薄荷叶洗净。

②将所有材料放入榨汁机榨汁，最后滤出果肉即可。

营养功效

木瓜有抗氧化的功效，能消除皱纹和面部细纹；苹果中含有较高的糖分，能起到改善皮肤弹性，使皮肤红润的作用。此款果汁能美容养颜，消斑祛皱。